W0397362

NussKnacker 2

Mein Arbeitsheft

Herausgeber
Frank Lippmann, Auerbach/Vogtl.

Autoren
Frank Lippmann, Auerbach/Vogtl.
Katja Poser, Chemnitz

Mitautoren
Gudrun Häring, Binnen
Uwe Neißl, Kraichtal
Mirco Redlich, Schiffdorf

Berater
Frithjof Andersen, Leipzig
Jacqueline Goldmann, Neundorf
Kirsten Hoschke, Greußen
Silke Kriebel, Thiendorf
Anett Richter, Eisenberg
Anja Zscheile, Dresden

Ernst Klett Verlag
Stuttgart · Leipzig

Vorwissen: Was kann ich schon?

1 Es gehören immer 4 Karten zusammen. Färbe.

Zahl: ___

Zahl: ___

Z	E
1	9

Z	E
5	1

Z	E
3	0

Z	E
2	3

Z	E
6	0

Z	E
1	6

Zahl: ___

Zahl: ___

10 + 9 | 30 + 0 | 60 + 0

50 + 1 | 10 + 6 | 20 + 3

dreißig | einundfünfzig | sechzehn

sechzig | dreiundzwanzig | neunzehn

Zahl: ___

Zahl: ___

1Z 6E | 6Z 0E | 2Z 3E

1Z 9E | 5Z 1E | 3Z 0E

2 Wie viele Fenster sind es jeweils? Schreibe deinen Rechenweg auf.

Haus Nr. 1:

Haus Nr. 2:

Haus Nr. 3:

Haus Nr. 4:

Erfassen des individuellen Lernstands in folgenden Bereichen: **1** Grundlegende Einsichten in verschiedene Darstellungsformen von Zahlen. **2** Nutzen multiplikativer Anordnungen beim Erfassen von Anzahlen.

SB 4–5 167–176

1 Kontrolliere mit den Lösungszahlen. Eine Zahl bleibt jeweils übrig.

a)	b)	c)	d)
3 + 2 = 5	7 + 2 = ___	6 + 1 = ___	4 + 0 = ___
4 + 1 = ___	1 + 7 = ___	3 + 7 = ___	5 + 1 = ___
5 + 3 = ___	0 + 5 = ___	2 + 6 = ___	6 + 3 = ___
8 + 0 = ___	4 + 2 = ___	1 + 5 = ___	4 + 6 = ___
1 + 6 = ___	3 + 4 = ___	8 + 2 = ___	2 + 4 = ___
4 ~~5~~ 5	5 6 6	6 7 8	0 4 6
7 8 8	7 8 9	8 10 10	6 9 10

2 Rechne zuerst die kleine Aufgabe.

4 + 3 = ___	___ + ___ = ___	___ + ___ = ___	___ + ___ = ___
14 + 3 = ___	15 + 2 = ___	12 + 4 = ___	13 + 5 = ___
___ + ___ = ___	___ + ___ = ___	___ + ___ = ___	___ + ___ = ___
12 + 7 = ___	18 + 1 = ___	11 + 9 = ___	16 + 0 = ___

3

a)	b)	c)
3 + 7 = 10	2 + ___ = 10	10 + 3 = ___
4 + ___ = 10	7 + ___ = 10	10 + 2 = ___
5 + ___ = 10	9 + ___ = 10	10 + 8 = ___
8 + ___ = 10	6 + ___ = 10	10 + 6 = ___
1 + ___ = 10	0 + ___ = 10	10 + 4 = ___

4

5 + 8

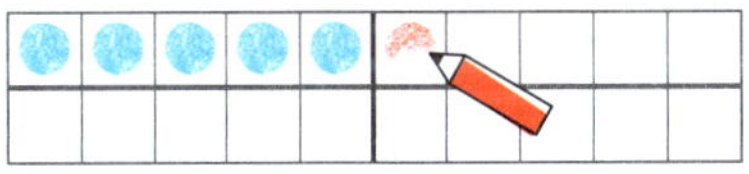

5 + ___ = ___
___ + ___ = ___

7 + 9

___ + ___ = ___
___ + ___ = ___

8 + 6

___ + ___ = ___
___ + ___ = ___

5 Kontrolliere mit den Lösungszahlen. Eine Zahl bleibt jeweils übrig.

a)	b)	c)	d)
9 + 3 = ___	4 + 8 = ___	9 + 8 = ___	6 + 6 = ___
6 + 5 = ___	9 + 5 = ___	3 + 9 = ___	9 + 2 = ___
8 + 4 = ___	8 + 7 = ___	5 + 7 = ___	4 + 7 = ___
7 + 7 = ___	2 + 9 = ___	8 + 8 = ___	6 + 9 = ___
9 + 6 = ___	7 + 4 = ___	7 + 4 = ___	8 + 5 = ___
11 11 12	11 11 12	11 12 12	11 11 12
12 14 15	12 14 15	16 16 17	13 14 15

Subtrahieren bis 20

1 Kontrolliere mit den Lösungszahlen. Eine Zahl bleibt jeweils übrig.

a)
5 − 3 = 2
4 − 1 = ___
7 − 2 = ___
6 − 0 = ___
8 − 4 = ___
0 2 3
4 5 6

b)
7 − 6 = ___
2 − 2 = ___
8 − 3 = ___
9 − 1 = ___
4 − 3 = ___
0 1 1
2 5 8

c)
6 − 5 = ___
9 − 0 = ___
4 − 2 = ___
8 − 1 = ___
9 − 6 = ___
1 2 3
4 7 9

d)
4 − 4 = ___
5 − 1 = ___
6 − 2 = ___
8 − 5 = ___
9 − 7 = ___
0 2 3
3 4 4

2 Rechne zuerst die kleine Aufgabe.

6 − 1 = ___	___ − ___ = ___	___ − ___ = ___	___ − ___ = ___
16 − 1 = ___	13 − 2 = ___	18 − 6 = ___	15 − 5 = ___
___ − ___ = ___	___ − ___ = ___	___ − ___ = ___	___ − ___ = ___
18 − 7 = ___	19 − 3 = ___	17 − 0 = ___	20 − 9 = ___

3

a)
12 − 2 = 10
14 − ___ = 10
15 − ___ = 10
18 − ___ = 10
11 − ___ = 10

b)
13 − ___ = 10
17 − ___ = 10
19 − ___ = 10
16 − ___ = 10
10 − ___ = 10

c)
14 − 4 = ___
13 − 3 = ___
15 − 5 = ___
12 − 2 = ___
16 − 6 = ___

4

14 − 9

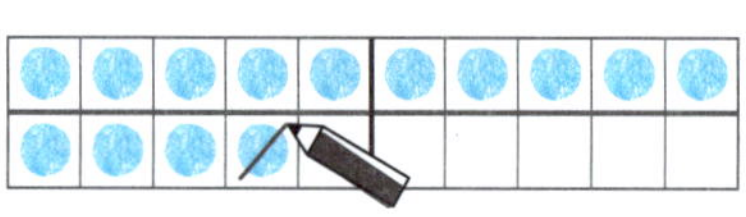

14 − ___ = ___
___ − ___ = ___

13 − 6

___ − ___ = ___
___ − ___ = ___

11 − 7

___ − ___ = ___
___ − ___ = ___

5 Kontrolliere mit den Lösungszahlen. Eine Zahl bleibt jeweils übrig.

a)
11 − 3 = ___
12 − 8 = ___
14 − 6 = ___
13 − 9 = ___
16 − 7 = ___
4 4 7
8 8 9

b)
15 − 9 = ___
11 − 4 = ___
16 − 8 = ___
12 − 5 = ___
13 − 8 = ___
5 6 7
7 8 8

c)
12 − 3 = ___
15 − 7 = ___
11 − 2 = ___
16 − 6 = ___
14 − 8 = ___
6 8 8
9 9 10

d)
18 − 9 = ___
13 − 5 = ___
15 − 6 = ___
12 − 9 = ___
11 − 8 = ___
3 3 4
8 9 9

SB 7 KV 1 169–170, 175–176

1 Rechne auch die Tauschaufgabe.

a) 2 + 5 = ___ 3 + 7 = ___ 8 + 11 = ___ 4 + 16 = ___

5 + 2 = ___ ___ + ___ = ___ ___ + ___ = ___ ___ + ___ = ___

b) 3 + 8 = ___ 7 + 9 = ___ 5 + 21 = ___ 6 + 19 = ___

___ + ___ = ___ ___ + ___ = ___ ___ + ___ = ___ ___ + ___ = ___

2 Kontrolliere mit der Umkehraufgabe.

a) 10 − 4 = 6 8 − 3 = ___ 19 − 5 = ___ 20 − 7 = ___

6 + ___ = ___ ___ + ___ = ___ ___ + ___ = ___ ___ + ___ = ___

b) 11 − 6 = ___ 15 − 9 = ___ 24 − 2 = ___ 27 − 8 = ___

___ + ___ = ___ ___ + ___ = ___ ___ + ___ = ___ ___ + ___ = ___

3 Schreibe Aufgabenfamilien.

9
6 3
6 + 3 = ___
3 + 6 = ___
9 − 3 = ___
9 − 6 = ___

18
11 7
___ = ___
___ = ___
___ = ___
___ = ___

13
4 9
___ = ___
___ = ___
___ = ___
___ = ___

12
8 4
___ = ___
___ = ___
___ = ___
___ = ___

15
7 ___
___ = ___
___ = ___
___ = ___
___ = ___

___
___ ___
___ = ___
___ = ___
___ = ___
___ = ___

SB 8 KV 2–3 142–143, 171–172

Rechenmauern

1

a) [ ] / 7 [ ] / 3 4 2

b) [ ] / [ ] [ ] / 5 4 6

c) [ ] / [ ] [ ] / 7 1 6

d) [ ] / [ ] [ ] / 9 0 8

e) 12 / 7 [ ] / 4 [ ] [ ]

f) 14 / 8 [ ] / 5 [ ] [ ]

g) 16 / [ ] 7 / [ ] [ ] 4

h) 18 / [ ] 8 / [ ] [ ] 3

i) 20 / [ ] [ ] / 11 4 [ ]

j) 20 / [ ] [ ] / 12 3 [ ]

k) 20 / [ ] [ ] / 13 2 [ ]

l) 20 / [ ] 14 / [ ] 5 [ ]

m) 20 / [ ] 13 / [ ] 6 [ ]

n) 20 / [ ] 12 / [ ] 7 [ ]

2 Setze zu Rechenmauern zusammen.

a) 2, 19, 6, 8, 11, 5 — 19 / [ ] [ ] / [ ] [ ] [ ]

b) 15, 2, 1, 3, 14, 18 — [ ] / [ ] [ ] / [ ] [ ] [ ]

c) 5, 7, 13, 11, 20, 2 — [ ] / [ ] [ ] / [ ] [ ] [ ]

d) 17, 1, 5, 4, 8, 12 — [ ] / [ ] [ ] / [ ] [ ] [ ]

3 Löse durch Probieren.

a) 16 / [ ] [ ] / 2 [ ] 2

b) 16 / [ ] [ ] / 3 [ ] 3

c) 16 / [ ] [ ] / 4 [ ] 4

d) 16 / [ ] [ ] / 5 [ ] 5

e) 18 / [ ] [ ] / 7 [ ] 1

f) 18 / [ ] [ ] / 6 [ ] 2

g) 18 / [ ] [ ] / 5 [ ] 3

h) 18 / [ ] [ ] / 4 [ ] 4

1 Finde möglichst alle passenden Aufgaben.

a)

6	4	11
8	5	13
10	6	14
13	7	17

7

6 + 5 = ___
___ + ___ = ___
___ + ___ = ___
___ + ___ = ___
___ + ___ = ___
___ + ___ = ___
___ + ___ = ___

b)

11	3	5
13	5	7
14	6	8
18	8	12

7

___ – ___ = ___
___ – ___ = ___
___ – ___ = ___
___ – ___ = ___
___ – ___ = ___
___ – ___ = ___
___ – ___ = ___

2 Rechne aus und setze fort.

a)
5 + 2 = ___
5 + 3 = ___
5 + 4 = ___
5 + 5 = ___
___ + ___ = ___
___ + ___ = ___
___ + ___ = ___

b)
14 + 3 = ___
12 + 5 = ___
10 + 7 = ___
8 + 9 = ___
___ + ___ = ___
___ + ___ = ___
___ + ___ = ___

c)
8 + 4 = ___
6 + 6 = ___
8 + 5 = ___
6 + 7 = ___
___ + ___ = ___
___ + ___ = ___
___ + ___ = ___

d)
13 – 2 = ___
13 – 3 = ___
13 – 4 = ___
13 – 5 = ___
___ – ___ = ___
___ – ___ = ___
___ – ___ = ___

e)
7 – 1 = ___
9 – 3 = ___
11 – 5 = ___
13 – 7 = ___
___ – ___ = ___
___ – ___ = ___
___ – ___ = ___

f)
11 – 2 = ___
15 – 5 = ___
11 – 4 = ___
15 – 7 = ___
___ – ___ = ___
___ – ___ = ___
___ – ___ = ___

Zauberquadrate

1

a)

3	8	1
	4	
		5

Immer **12.**

b)

	6	
0		
	2	3

Immer **12.**

c)

7		5
3		1

Immer **12.**

d)

1		9
		2

Immer **15.**

e)

2		4
		8

Immer **15.**

f)

9		
	6	
	10	

Immer **18.**

g)

	2	
3		5

Immer **18.**

2 In jedem Zauberquadrat ist eine Zahl falsch. Finde die Fehler und schreibe richtig.

a)

7	2	3
0	4	9
5	6	1

Immer **12.**

7	2	3
	6	

b)

6	7	2
1	5	9
10	3	4

Immer **15.**

		2
1		
		4

c)

8	0	6
3	5	7
4	9	2

Immer **15.**

	5	7
4		

d)

7	8	3
1	6	10
9	4	5

Immer **18.**

		3
9		5

3 Löse durch Probieren.

a)

	5	1
	7	

Immer **15.**

b)

	1	
7		3

Immer **15.**

c)

10	6	
	8	

Immer **18.**

d)

8		4
	2	

Immer **18.**

1

Schwimmbad-Kiosk	
1 Limo	2 €
1 Mineralwasser	1 €
1 Portion Pommes	3 €
1 Currywurst	4 €
1 Brezel	1 €
1 Eis	3 €

2 Paula kauft:

F: Wie viel muss Paula bezahlen?

L:

A:

3 Anton hat: Er kauft:

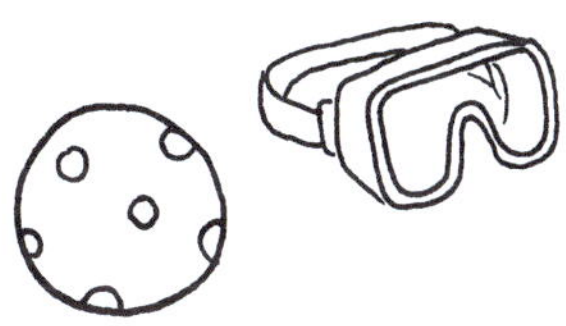

F: Wie viel Geld bekommt Anton zurück?

L:

A:

4 Welche Frage kannst du beantworten? Kreuze an und löse.

- [ ] Wie viel Geld bekam Max zurück?
- [ ] Wie viel musste Max bezahlen?

L:

A:

5 Welche Frage kannst du beantworten? Kreuze an und löse.

- [ ] Wie viel Taschengeld bekommt Emma?
- [ ] Wie viele Freundinnen hat Emma?
- [ ] Wie viel Geld bekommt Emma zurück?

L:

A:

1

40 + 60 = ___
100 − ___ = ___

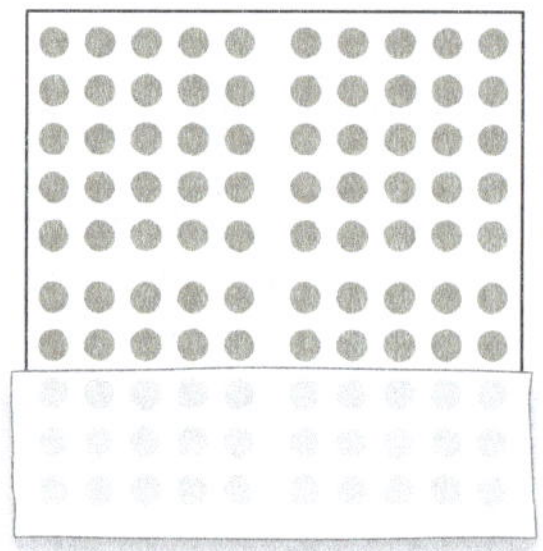

___ + ___ = ___
___ − ___ = ___

___ + ___ = ___
___ − ___ = ___

___ + ___ = ___
___ − ___ = ___

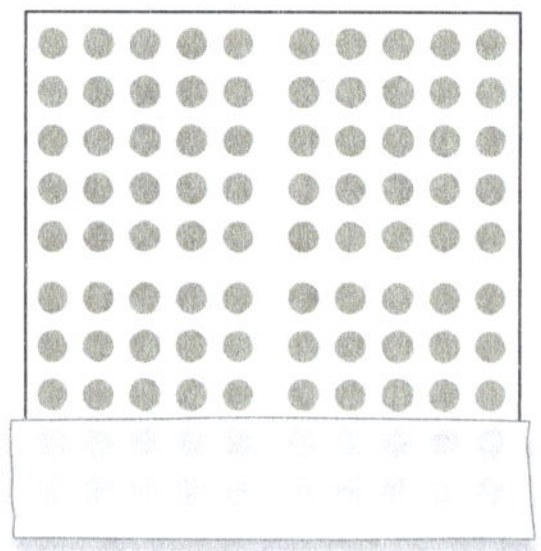

___ + ___ = ___
___ − ___ = ___

___ + ___ = ___
___ − ___ = ___

2

a)
30 + 40 = ___
10 + 80 = ___
30 + 20 = ___
50 + 0 = ___
20 + 70 = ___

50 50 70
70 90 90

b)
90 − 30 = ___
70 − 50 = ___
60 − 0 = ___
80 − 40 = ___
90 − 70 = ___

20 20 40
40 60 60

c)
100 − ___ = 20
80 + ___ = 100
100 − ___ = 50
20 + ___ = 100
100 − ___ = 80

20 20 50
50 80 80

3

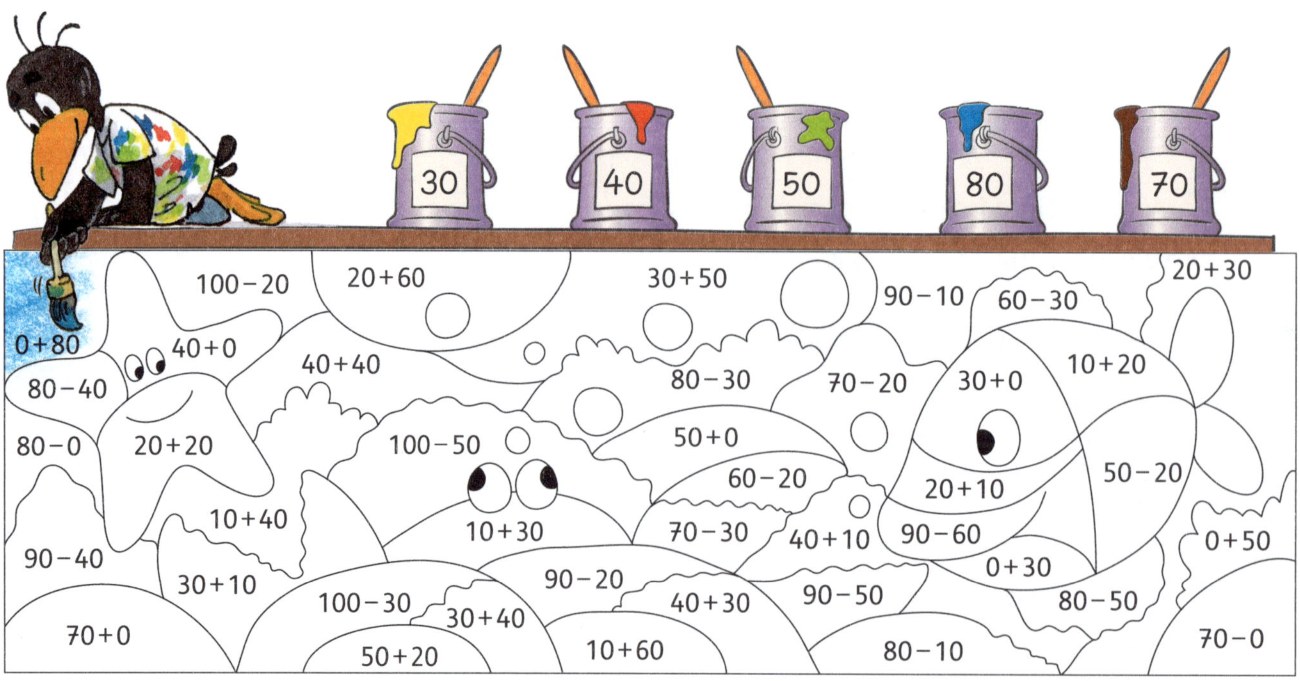

1 Wie viel Geld ist es jeweils?

50 ct + 10 ct = ___ ct

___ ct + ___ ct = ___ ct

___ ct + ___ ct + ___ ct = ___ ct

___ ct + ___ ct + ___ ct = ___ ct

___ ct + ___ ct + ___ ct + ___ ct = ___ ct

___ ct + ___ ct + ___ ct + ___ ct = ___ ct

2 Lege und rechne.

a) 60 ct + ___ ct = 100 ct
30 ct + ___ ct = 90 ct
80 ct + ___ ct = 100 ct
70 ct + ___ ct = 90 ct
20 20 40 40 60

b) 30 ct + ___ ct = 100 ct
30 ct + ___ ct = 80 ct
50 ct + ___ ct = 100 ct
50 ct + ___ ct = 80 ct
30 50 50 70 70

c) 85 ct + ___ ct = 100 ct
65 ct + ___ ct = 70 ct
55 ct + ___ ct = 70 ct
95 ct + ___ ct = 100 ct
5 5 15 15 95

3 Finde jeweils 5 Möglichkeiten.

Betrag	50	20	10	Anzahl Münzen
80 ct	I		III	4
80 ct				
80 ct				
80 ct				
80 ct				

Betrag	50	20	10	Anzahl Münzen
60 ct				
60 ct				
60 ct				
60 ct				
60 ct				

Zählen und bündeln

1 Wie viele sind es?

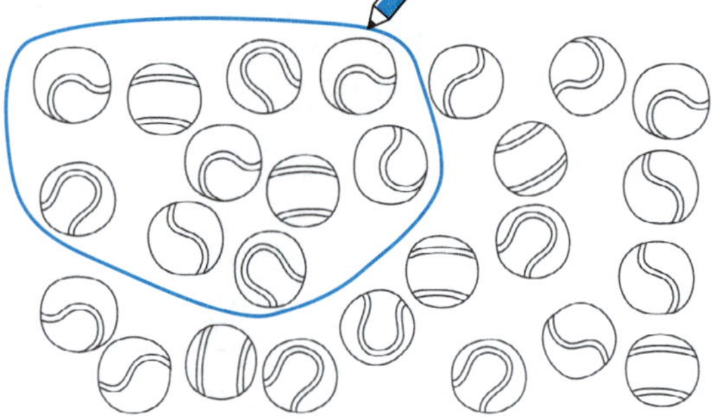

Z	E

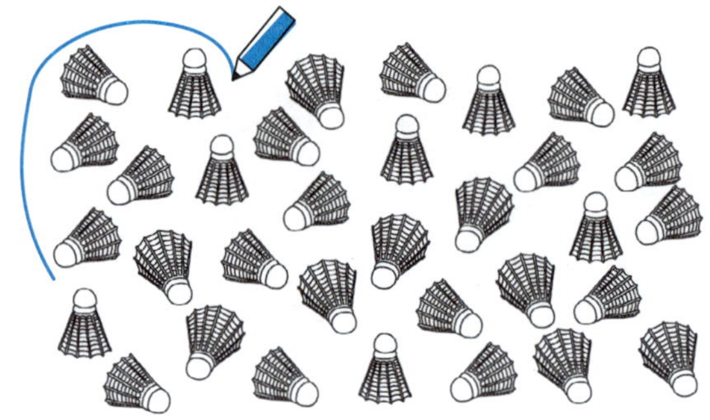

Z	E

2 Wie viele sind es? Notiere in der Stellenwerttafel.

a)

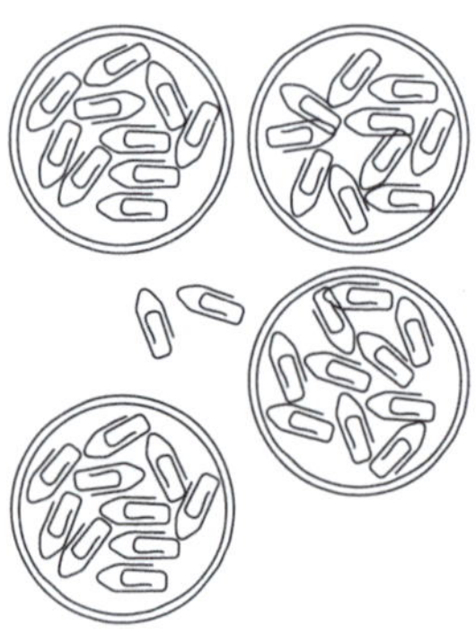

Z	E

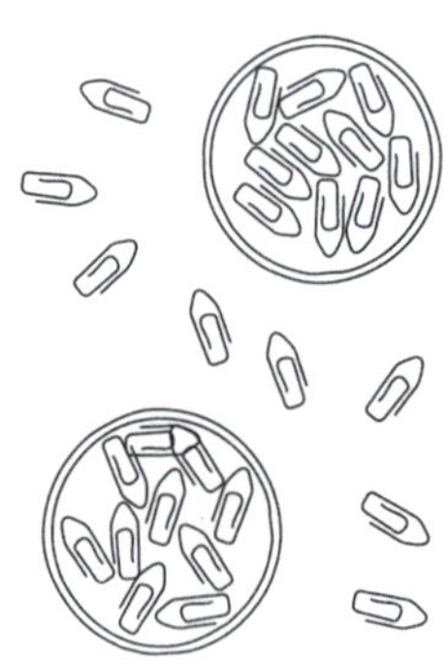

Z	E

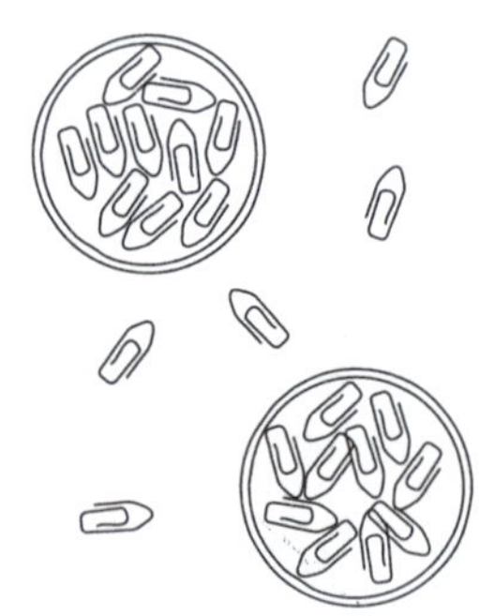

Z	E

b)

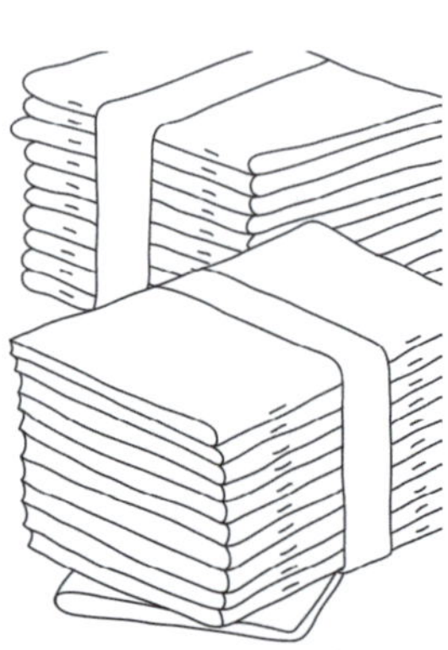

Z	E

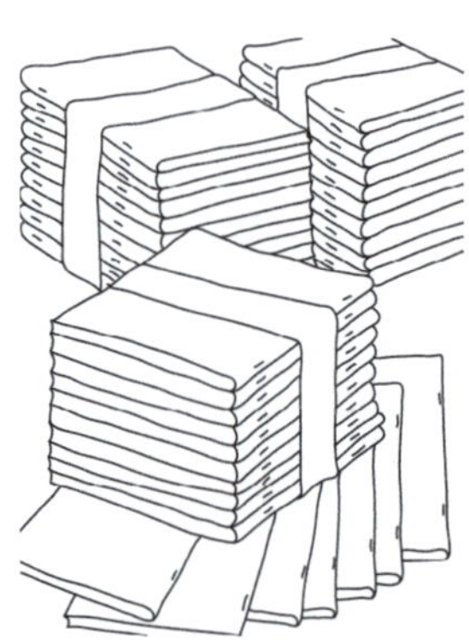

Z	E

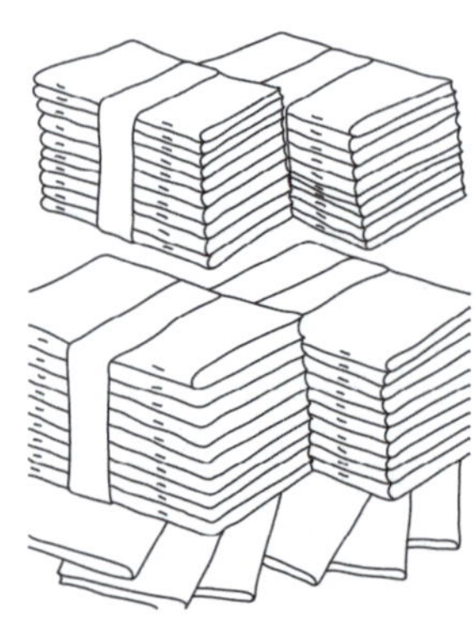

Z	E

c)

Z	E

Z	E

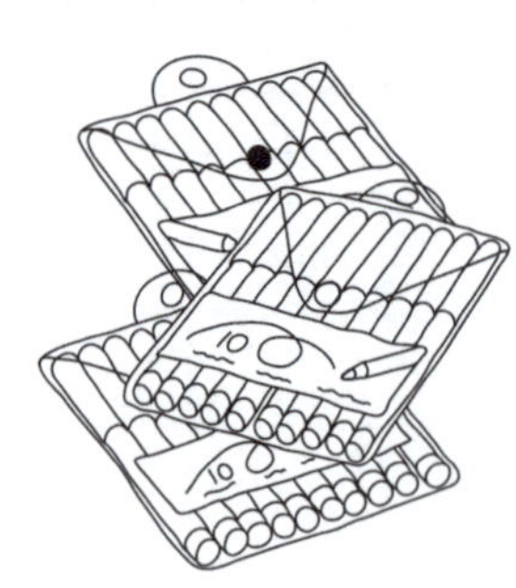

Z	E

1 Jeweils 10er einkreisen und in die Stellenwerttafel eintragen.

SB 16 81

1 Zeichne im Hunderterfeld.

Z	E
3	8

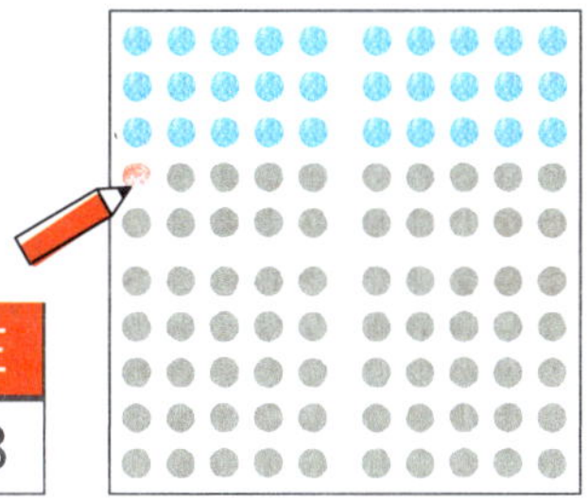

Z	E
4	6

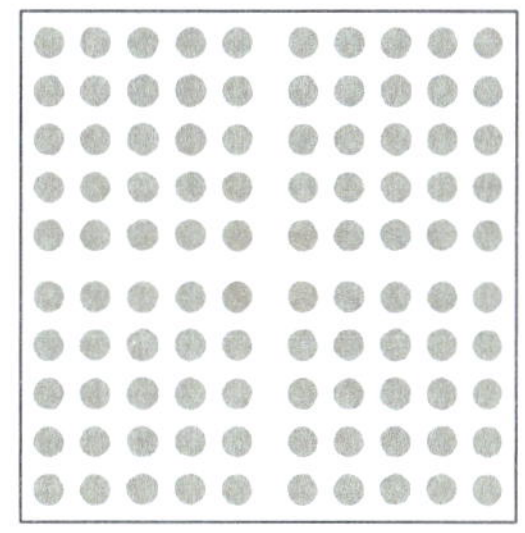

Z	E
5	9

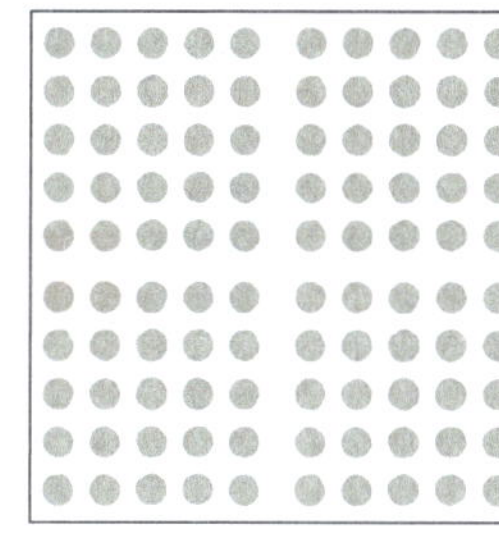

Z	E
2	5

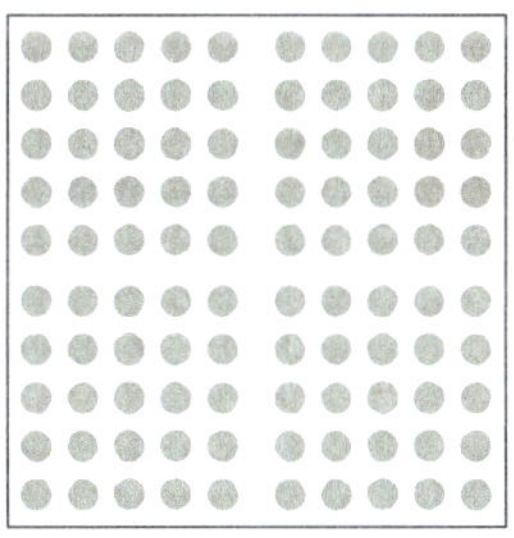

Z	E
6	7

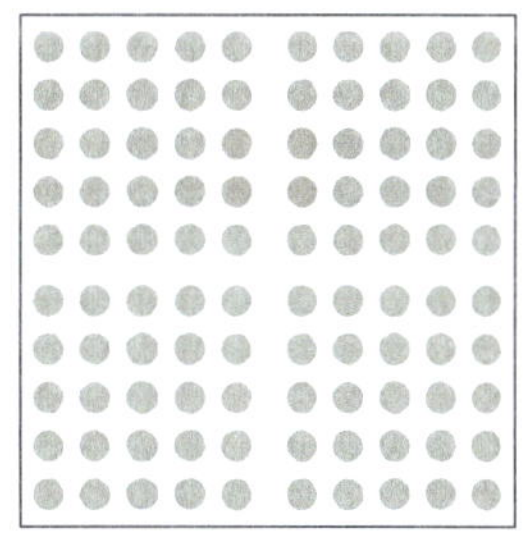

Z	E
8	3

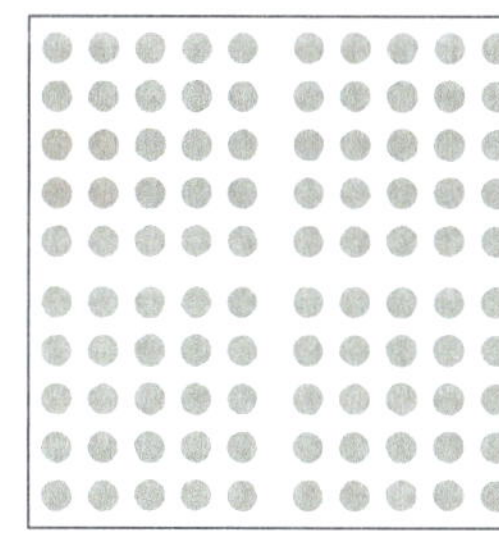

Z	E
7	1

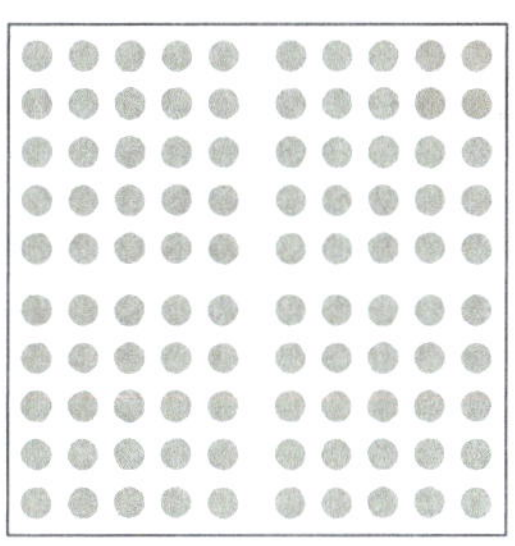

Z	E
9	2

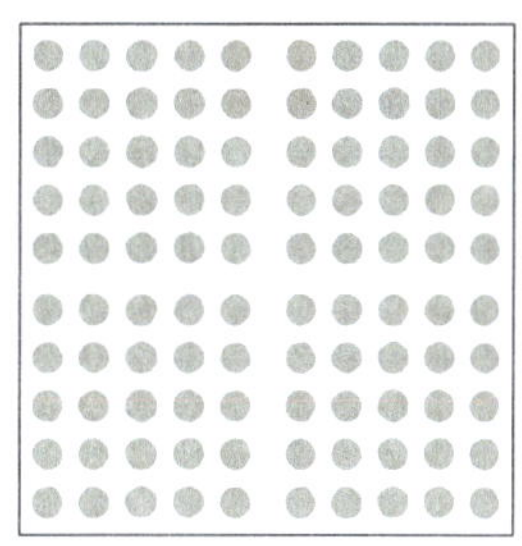

Z	E

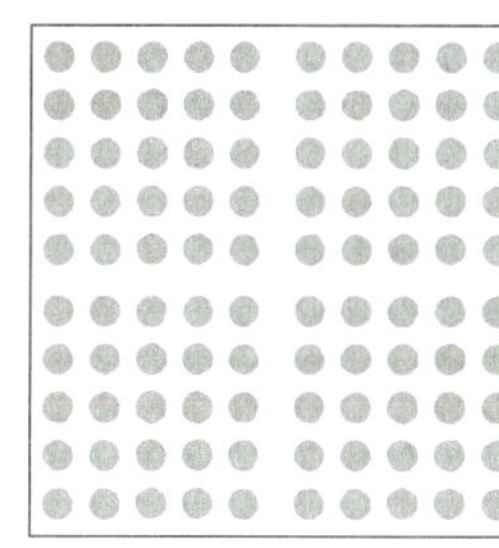

2 Schreibe die Zahlen.

a)
achtundfünfzig ____
achtundzwanzig ____
achtundsiebzig ____
achtundachtzig ____

b)
fünfzehn ____
zweiundvierzig ____
sechsundsiebzig ____
dreiundfünfzig ____

c)
neununddreißig ____
siebenundvierzig ____
fünfundneunzig ____
einundsechzig ____

3 a)
34 = 30 + 4
19 = 10 + ____
20 = 20 + ____
38 = 30 + ____
56 = 50 + ____

b)
43 = ____ + 3
54 = ____ + 4
62 = ____ + 2
79 = ____ + 9
66 = ____ + 6

c)
21 = ____ + ____
16 = ____ + ____
27 = ____ + ____
35 = ____ + ____
68 = ____ + ____

d)
____ = 60 + 5
____ = 80 + 4
____ = 40 + 9
____ = 90 + 8
____ = 70 + 3

1 Trage die Zahlen in eine Stellenwerttafel ein.

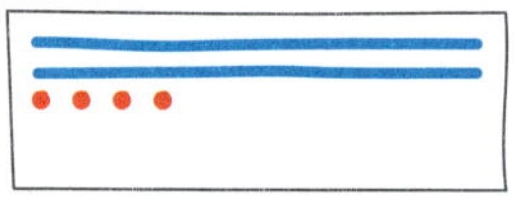

Z	E
2	4

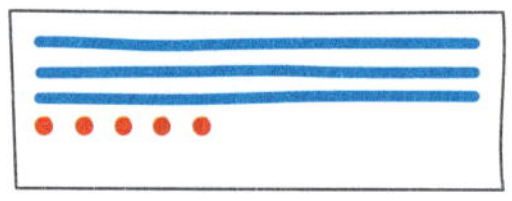

Z	E

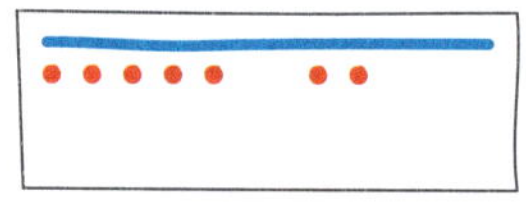

Z	E

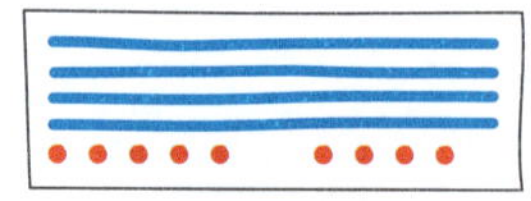

Z	E

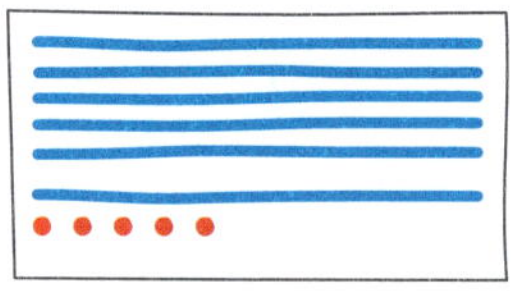

Z	E

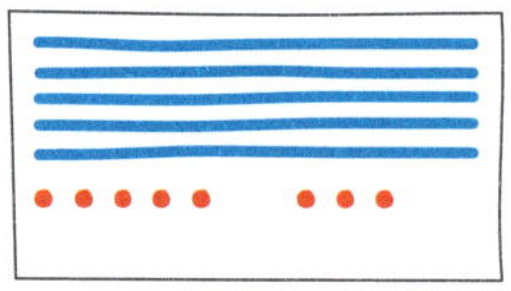

Z	E

Z	E

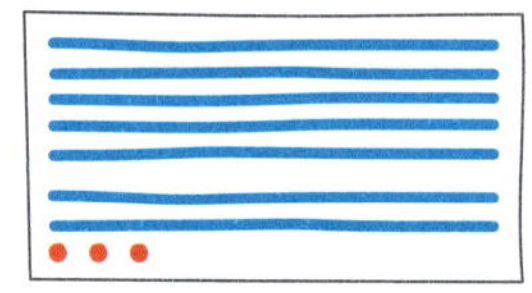

Z	E

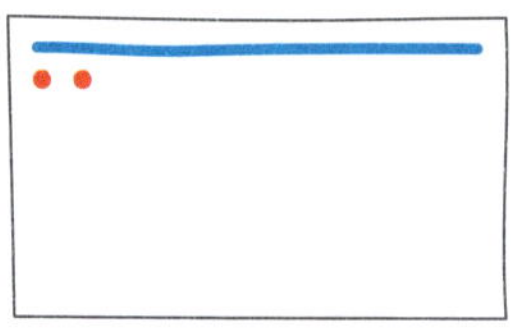

Z	E

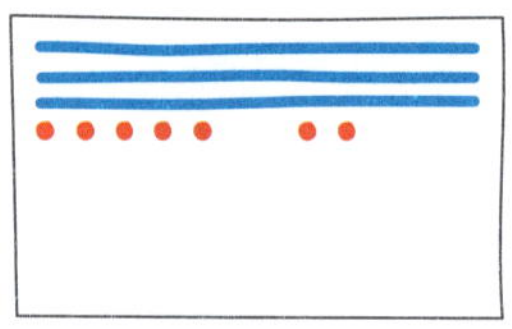

Z	E

Z	E

Z	E

2 Schreibe in Geheimschrift.

23

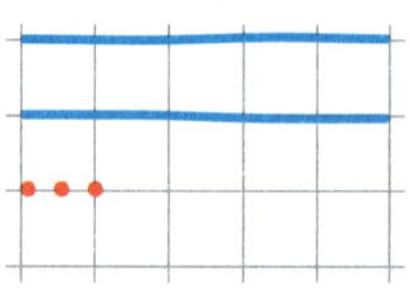

32

8

40

96

71

85

99

60

58

64

1 Vervollständige die Steckbriefe.

25

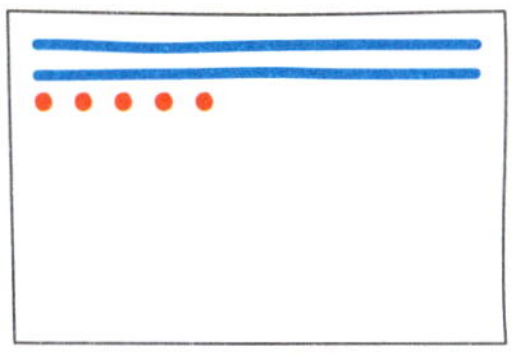

Z	E
2	5

20 + 5

fünfundzwanzig

17

Z	E

___ + ___

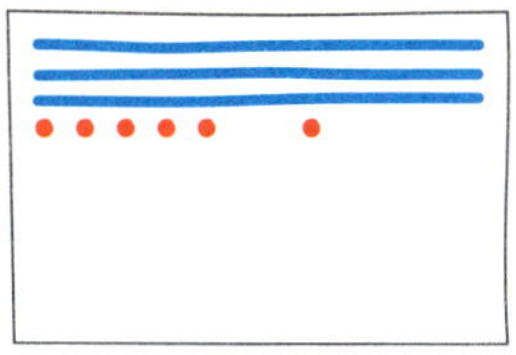

Z	E

___ + ___

Z	E
5	1

___ + ___

Z	E

70 + 3

Z	E

___ + ___

vierundachtzig

2 Färbe zusammengehörende Teile mit der gleichen Farbe.

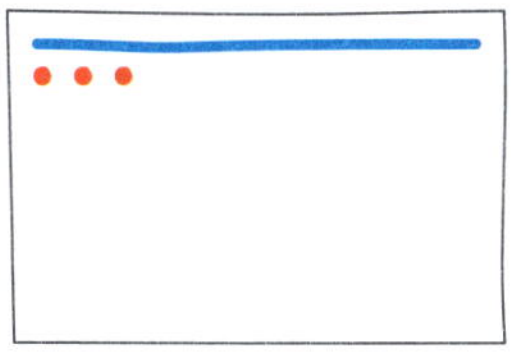

einundsechzig

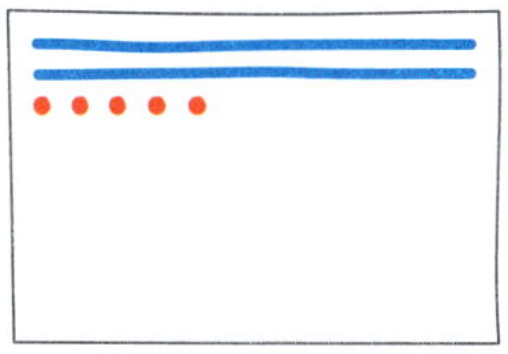

Z	E
3	7

Z	E
6	1

Z	E
4	5

40 + 5

60 + 1

fünfundvierzig

10 + 3

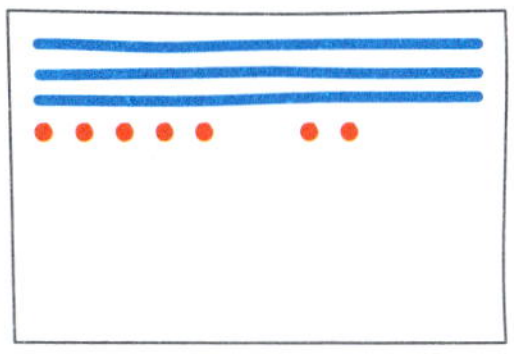

siebenunddreißig

dreizehn

37

Z	E
1	3

1 a) Trage alle Zehnerzahlen und die Zahlen mit 5 Einern ein.
b) Trage alle Zahlen in der 9. Spalte ein.
c) Trage alle Zahlen in der 4. Zeile ein.
d) Trage ein: einundfünfzig, sechsundvierzig, siebenundachtzig, achtundneunzig
e) Trage alle Zahlen zwischen 81 und 89 ein.
f) Trage alle Zahlen ein, deren Ziffern so aufeinander folgen: 12, 23, ...
g) Schreibe die Zahlen auf:

1									10

1. Zeile: 1, ____________________

10. Zeile: ____________________

4. Spalte: ____________________

8. Spalte: ____________________

2 Schreibe die verdeckten Zahlen auf.

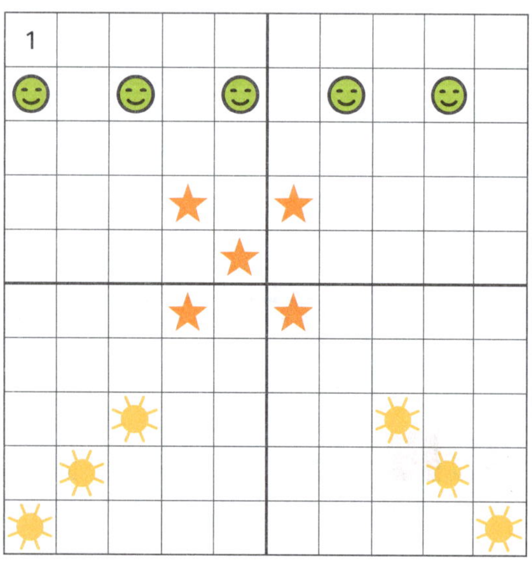

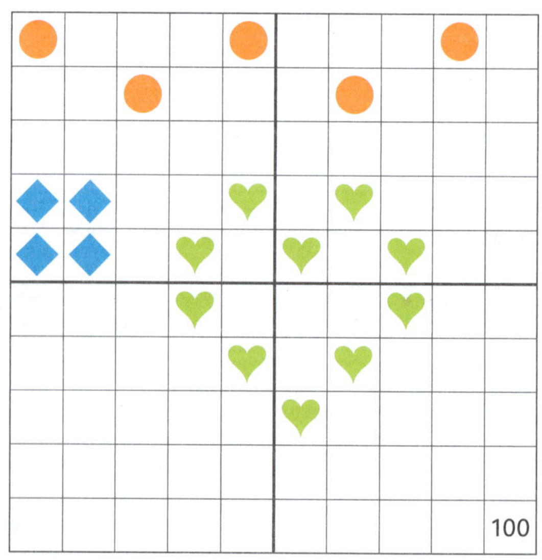

☺	11,
★	
☀	

●	
◆	
♥	

1 Welche Zahlen fehlen in den gelben Feldern?

a)

	4	
13	14	15
	24	

b)

	23	

c)

	46	

d)

	57	

e)

	35	

f)

	72	

g)

	89	

h)

	87	

2 Springe vom grünen zum gelben Feld. Zeichne deinen Weg ein.
Auf welcher Zahl landest du?

a)

24	→	26

b)

36		

c)

	49	

d)

		30

e)

21		

f)

65		

g)

98		

h)

		43

3 Springe auf der Hundertertafel:

23	4 Felder nach rechts.	
15	5 Felder nach unten.	
89	6 Felder nach oben.	
38	2 Felder nach rechts und 3 nach oben.	
57	3 Felder nach rechts und 4 nach unten.	

4 Springe immer 2 Felder weiter.
Trage alle Zahlen ein, auf denen du landen kannst.

		15		
	24			
		35		
		55		

2 Den Weg von der Start- zur Zielzahl darstellen.

1 Ordne zu.

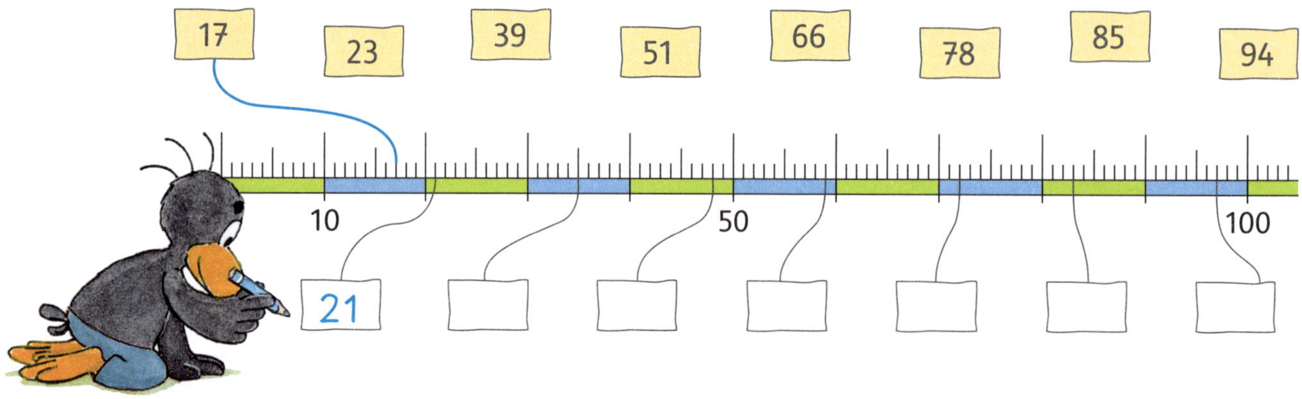

2

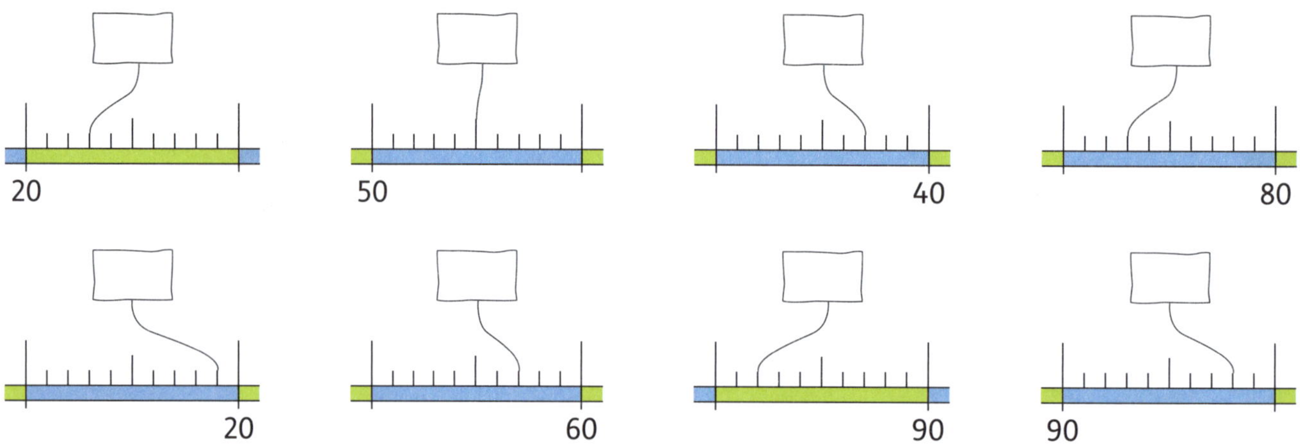

3 Ordne die Zahlen 14, 50, 27, 96, 33, 45, 80 und 68 zu.

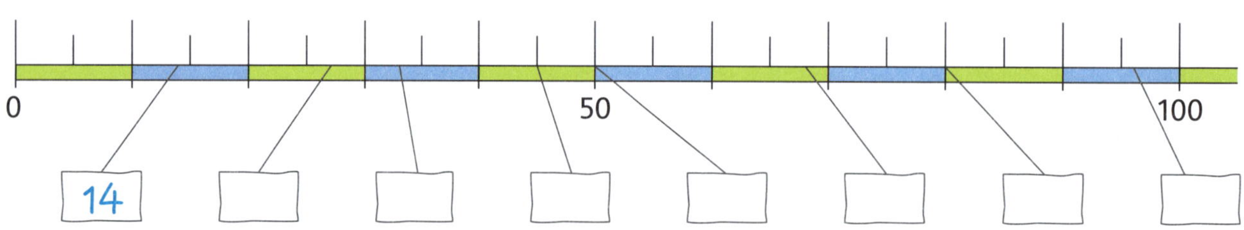

4 Welche Zahlen sind es? Schreibe sie auf.

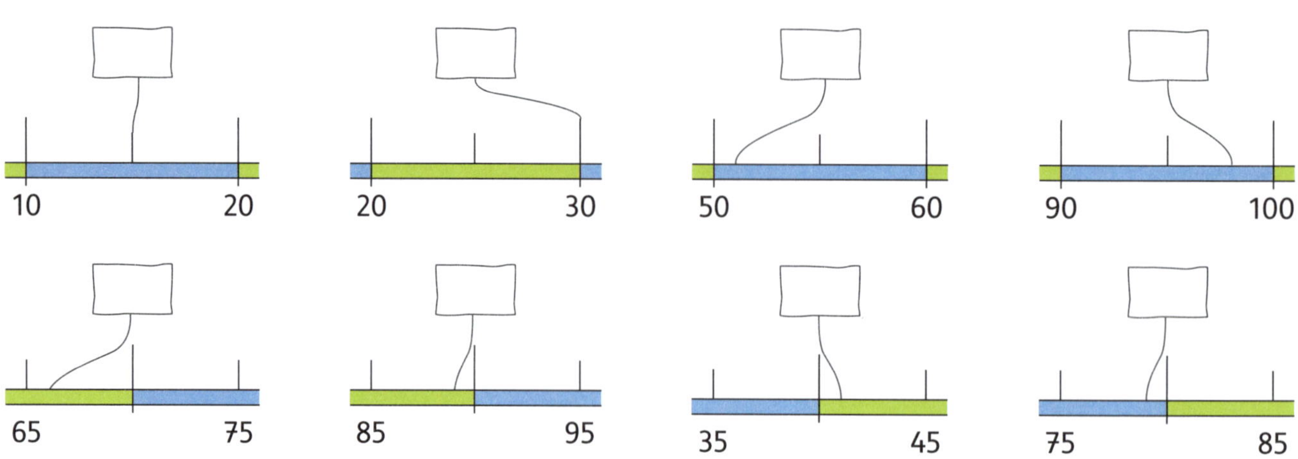

1 a) Gib Vorgänger (V) und Nachfolger (N) an.

V	↓	N
24	25	26
	38	
	57	
	74	
	92	

V	↓	N
45		
		71
60		
		89
39		

b) Gib die Nachbarzehner (NZ) an.

NZ	↓	NZ
50	53	60
	35	
	16	
	81	
	24	

NZ	↓	NZ
40		
		80
30		
		100
0		

2 Setze <, > oder = ein.

a) 25 < 26
38 ◯ 39
55 ◯ 54
12 ◯ 10
59 ◯ 61

b) 12 ◯ 21
43 ◯ 34
16 ◯ 61
89 ◯ 88
26 ◯ 26

c) 61 ◯ 63
56 ◯ 52
78 ◯ 87
34 ◯ 34
100 ◯ 10

d) 60 ◯ 50
79 ◯ 69
36 ◯ 37
45 ◯ 55
3 ◯ 30

e) 77 ◯ 77
81 ◯ 90
68 ◯ 0
9 ◯ 99
30 ◯ 31

3 Ordne nach der Größe. Beginne mit der kleinsten Zahl.

82, ~~14~~, 36, 27, 74 — 14, ___, ___, ___, ___

46, 98, 71, 5, 89 — ___, ___, ___, ___, ___

67, 65, 35, 53, 43 — ___, ___, ___, ___, ___

75, 76, 78, 87, 73 — ___, ___, ___, ___, ___

4 Verbinde die Zahlen von 1 bis 60 in der richtigen Reihenfolge.

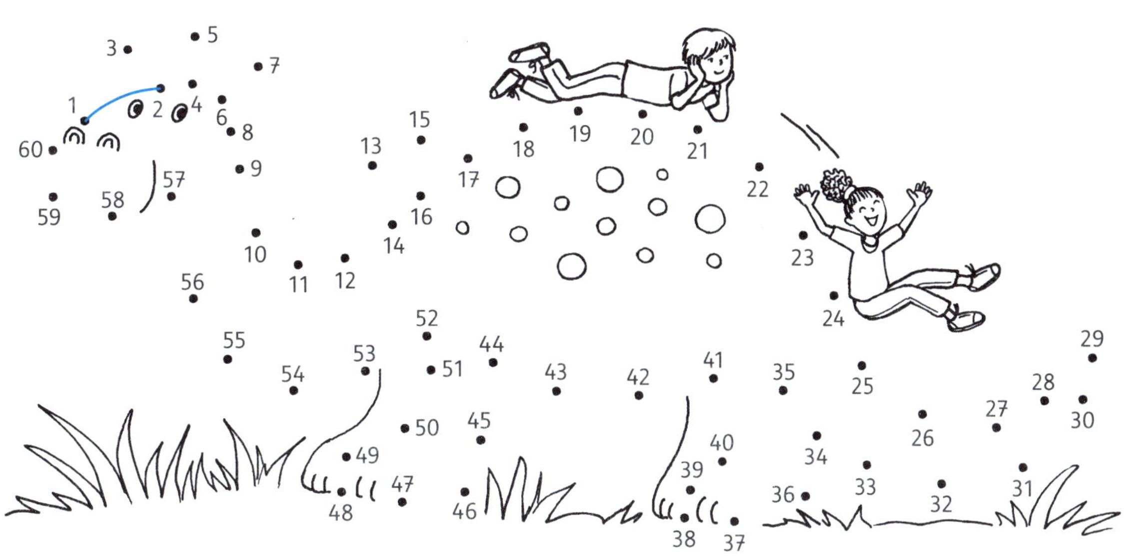

1 Wie viele Quadrate sind es?

a)
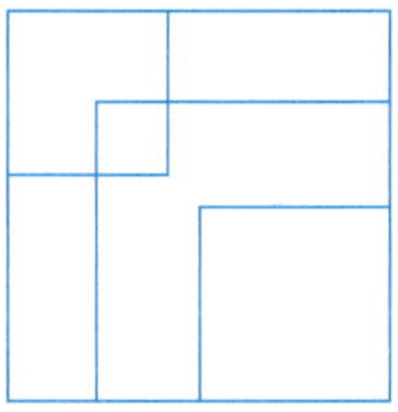
□ 5

b)
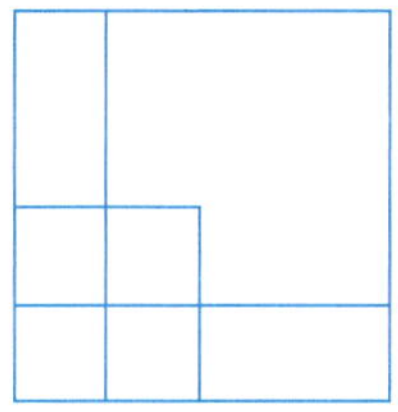
□ ____

c)
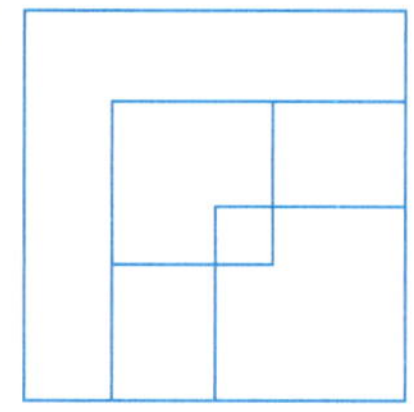
□ ____

d)
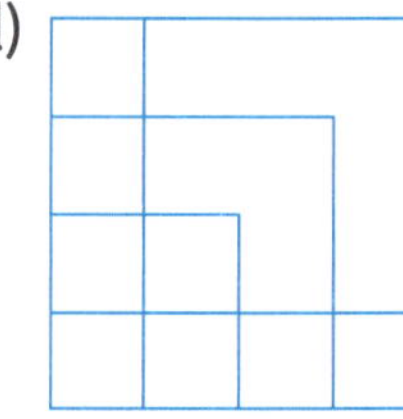
□ ____

2 Wie viele Dreiecke sind es?

a)
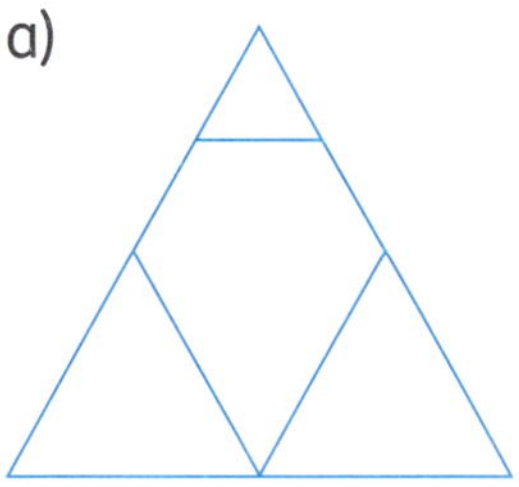
△ ____

b)
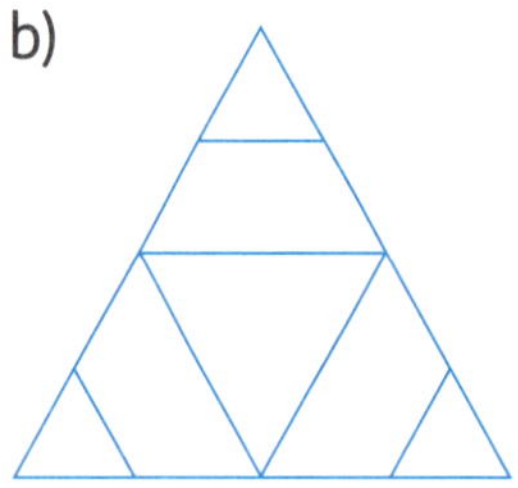
△ ____

c)
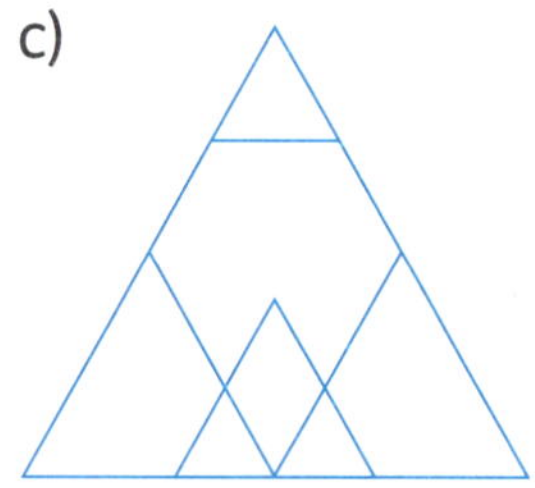
△ ____

d)
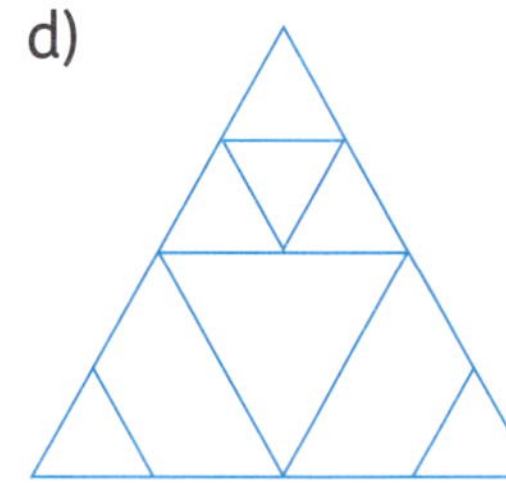
△ ____

3 Welches Gebäude passt zu welchem Bauplan? Verbinde und färbe.

a)
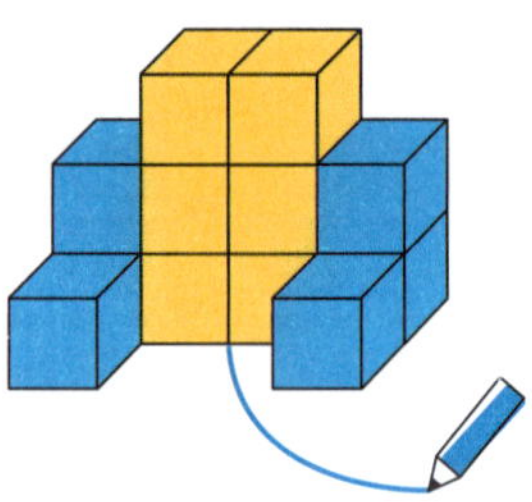

b)

c)

d)

3	3	3
2	3	2
1		1

3	2	2	3
2			2

2	3	3	2
1			1

2	2	1
2	1	1
1	1	

4 Ergänze die Baupläne und färbe.

a)

b)

c)

d)

3	3	3	3
2			

Erfassen des individuellen Lernstands in folgenden Bereichen: **1–2** Große/kleine Dreiecke (Quadrate) erkennen. Jeweilige Anzahl notieren. **3** Baupläne den Würfelgebäuden zuordnen. **4** Baupläne zu Würfelgebäuden erstellen.

SB 24–25 308–311, 313–320, 322

1 Lege die Figuren aus. Finde unterschiedliche Möglichkeiten. Notiere.

□	1
△	2
△	
gesamt	

□	
△	
△	
gesamt	

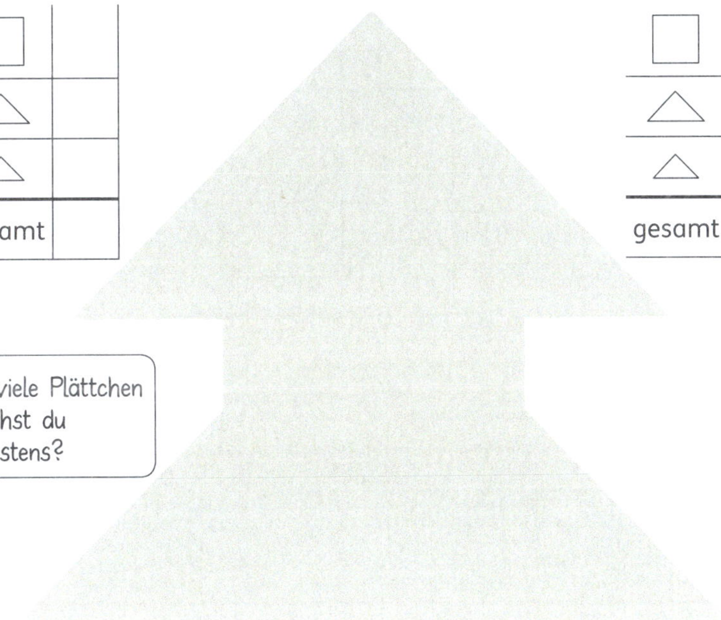

□	
△	
△	
gesamt	

□	
△	
△	
gesamt	

2

□	
△	
△	
gesamt	

□	
△	
△	
gesamt	

□	
△	
△	
gesamt	

□	
△	
△	
gesamt	

3

□	
△	
△	
gesamt	

□	
△	
△	
gesamt	

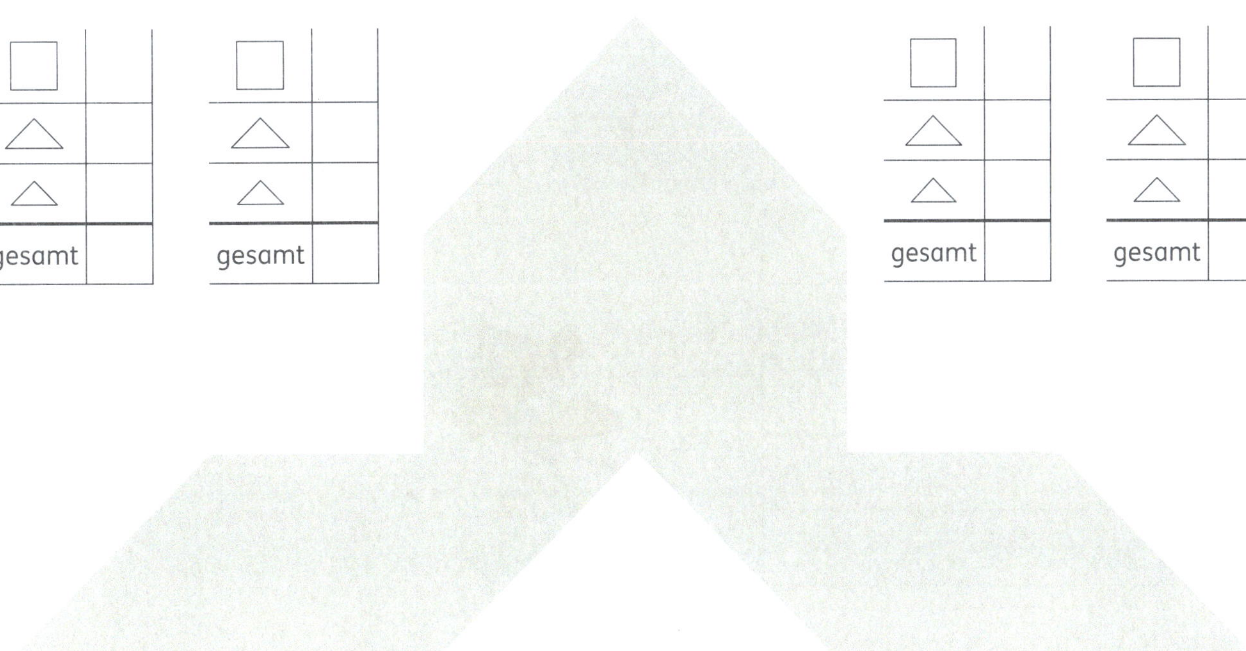

□	
△	
△	
gesamt	

□	
△	
△	
gesamt	

1 Gestalte Muster.

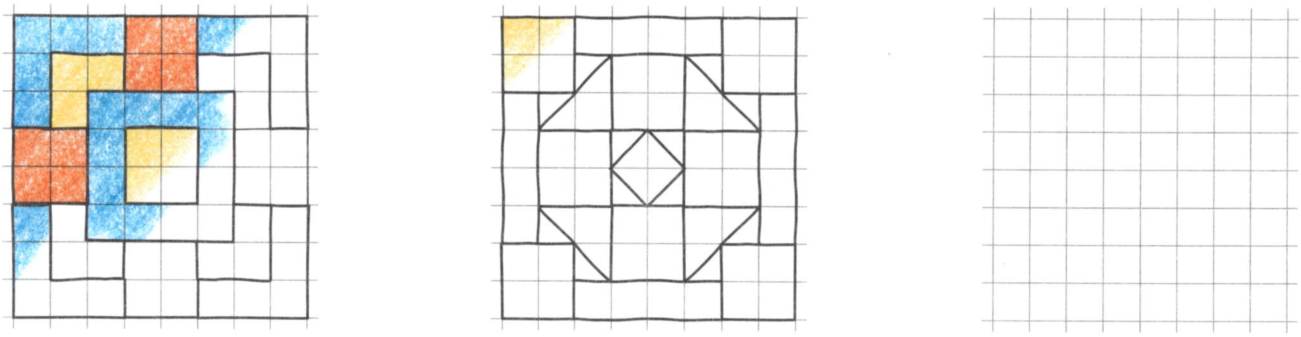

2 Gestalte Bandmuster.

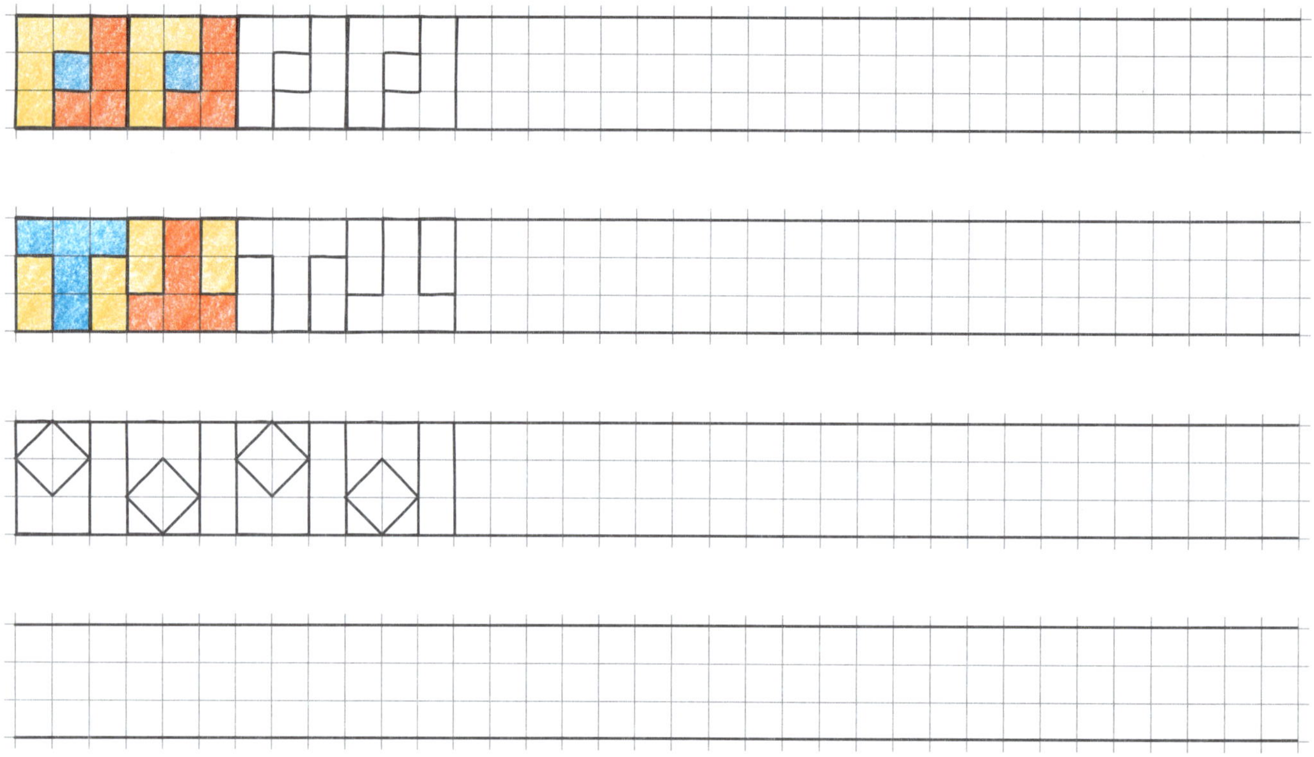

3 Setze fort und färbe.

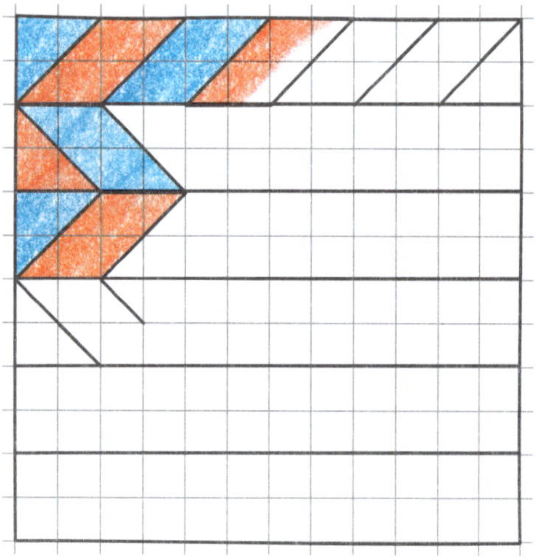

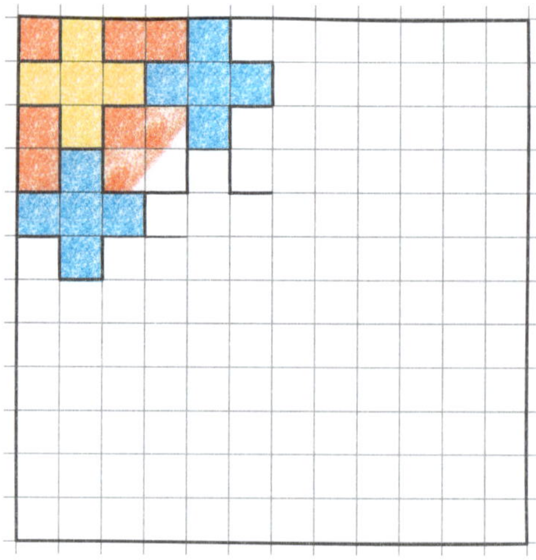

1

61			

Z E: _ _	Z E: _ _	Z E: 2 2	Z E: _ _
___ + ___	40 + 8	___ + ___	___ + ___
	achtundvierzig		

2

18 25 32 47 50 63 89 98

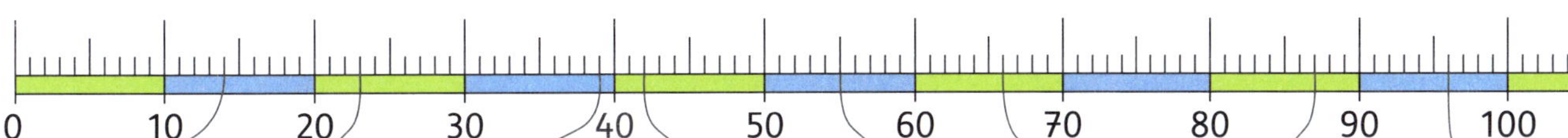

14

3 Miss die Länge jeder Strecke. Notiere.

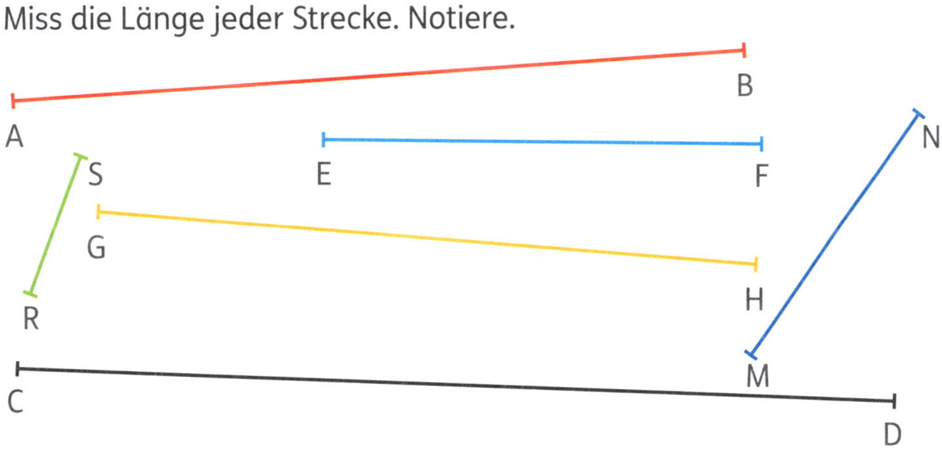

Strecke	Länge
$\overline{AB}$	cm

4

_	_	_	_
_ _	_ _	8 7	7 9
3 4 3	9 2 3	_ 3 _	_ 4 _

17	20	18	18
10 _	11 _	_ 9	_ 11
5 _ _	7 _ _	_ _ 4	_ _ 4

1 Welche Aufgaben gehören zusammen? Achte auf die Einer.

a) 3 + 4 = 7

23 + 4 = 27

b) 4 + 5 = 9

~~23 + 4~~	84 + 5	77 + 2
57 + 2	52 + 6	83 + 4
92 + 6	37 + 2	24 + 5
64 + 5	93 + 4	42 + 6

c) 7 + 2 = ____

d) 2 + 6 = ____

2 Ergänze bis zum nächsten Zehner.

a) 32, 68, 29, 71, 43

32 + 8 = 40

68 +

b) 48, 35, 74, 26, 82

c) 53, 86, 97, 15, 96

3 Rechne und färbe.

a)

+	2	4	6
14	16		
34			
54			

b)

+	5	7	9
21			
61			
91			

c)

+	5	4	
45			
	78		
84			87

d)

+	3	8	
72			
	34		
82			82

SB 32 181–182

1 Welche Aufgaben gehören zusammen? Achte auf die Einer.

a) 9 − 5 = 4

79 − 5 = 74

~~79 − 5~~	37 − 3	98 − 6
87 − 3	39 − 5	78 − 6
56 − 4	38 − 6	66 − 4
89 − 5	26 − 4	47 − 3

b) 8 − 6 = 2

c) 6 − 4 = ____

d) 7 − 3 = ____

Schreibe jeweils noch eine passende Aufgabe dazu.

2 Subtrahiere vom vollen Zehner.

a) Immer − 5

50   50 − 5 = 45
80   80 −
70
30
90

b) Immer − 8

40
20
100
50
60

c) Immer − 7

80
30
60
90
70

3 Rechne und färbe.

a)

−	3	4	5
67	64		
28			
96			

b)

−	7	5	3
58			
49			
80			

c)

−		2	4
90	90		
60			
30			

d)

−		9	10
99	91		
	21		
			39

Addieren mit Zehnerübergang

1 Wie rechnest du? Notiere den Rechenweg.

26 + 9 | 37 + 8 | 79 + 5 | 65 + 7

2

a) 19 + 3 = ___
27 + 5 = ___
58 + 4 = ___
34 + 7 = ___
66 + 6 = ___

b) 84 + 8 = ___
22 + 9 = ___
75 + 6 = ___
49 + 2 = ___
38 + 3 = ___

c) 45 + 7 = ___
83 + 8 = ___
77 + 4 = ___
42 + 9 = ___
69 + 3 = ___

d) 6 + 15 = ___
9 + 23 = ___
5 + 87 = ___
8 + 56 = ___
3 + 28 = ___

3 Finde Rechenfehler und korrigiere sie.

a) 36 + 5 = ~~42~~ [41]
63 + 8 = 71 [✓]
78 + 4 = 82 [ ]
24 + 7 = 32 [ ]
59 + 6 = 64 [ ]

b) 29 + 4 = 33 [ ]
47 + 8 = 45 [ ]
52 + 9 = 61 [ ]
21 + 2 = 32 [ ]
74 + 9 = 56 [ ]

c) 17 + 5 = 76 [ ]
33 + 7 = 40 [ ]
48 + 3 = 52 [ ]
85 + 6 = 91 [ ]
64 + 9 = 73 [ ]

4

a) 1. Summand: 88
2. Summand: 7
Summe: ___

88 + 7

b) 1. Summand: 67
2. Summand: 9
Summe: ___

c) 1. Summand: 46
2. Summand: 8
Summe: ___

d) 2. Summand: 5
1. Summand: 39
Summe: ___

e) 1. Summand: 73
Summe: 81
2. Summand: ___

f) Summe: 32
2. Summand: 6
1. Summand: ___

1 Wie rechnest du? Notiere den Rechenweg.

54 − 6 | 21 − 3 | 96 − 7 | 65 − 8

2

a)	b)	c)	d)
14 − 6 = ___	72 − 5 = ___	93 − 4 = ___	18 − 9 = ___
25 − 8 = ___	68 − 9 = ___	55 − 7 = ___	97 − 8 = ___
27 − 9 = ___	31 − 3 = ___	67 − 8 = ___	16 − 7 = ___
33 − 4 = ___	90 − 2 = ___	76 − 9 = ___	91 − 3 = ___
56 − 7 = ___	44 − 8 = ___	81 − 6 = ___	53 − 5 = ___

3 Finde Rechenfehler und korrigiere sie.

a)		b)		c)	
52 − 7 = ~~55~~	45	23 − 6 = 26		22 − 6 = 16	
73 − 4 = 69	✓	57 − 8 = 48		87 − 8 = 97	
86 − 9 = 78		42 − 4 = 38		69 − 5 = 65	
41 − 6 = 59		77 − 9 = 72		94 − 7 = 87	
38 − 5 = 33		62 − 3 = 59		29 − 9 = 83	

4

a) Minuend: 74
Subtrahend: 5
Differenz: ___

7 4 − 5

b) Minuend: 46
Subtrahend: 8
Differenz: ___

c) Minuend: 92
Subtrahend: 6
Differenz: ___

d) Minuend: 9
Subtrahend: 35
Differenz: ___

e) Minuend: 61
Differenz: 54
Subtrahend: ___

f) Differenz: 28
Subtrahend: 4
Minuend: ___

Gleichungen und Ungleichungen

1 Welche Umkehraufgabe hilft dir? Verbinde und löse.

___ + 8 = 34	66 − 7 = ___
___ − 8 = 34	34 + 8 = ___
___ + 7 = 66	34 − 8 = ___
___ − 7 = 66	53 − 9 = ___
___ + 9 = 53	66 + 7 = ___
___ − 9 = 53	45 + 6 = ___
___ + 6 = 45	45 − 6 = ___
___ − 6 = 45	53 + 9 = ___

2 Löse die Gleichungen.

a) 15 + a = 21
a = ___

b) 43 + b = 50
b = ___

c) 89 + c = 94
c = ___

d) 56 + d = 63
d = ___

e) 32 − e = 27
e = ___

f) 21 − f = 14
f = ___

g) 64 − g = 58
g = ___

h) 87 − h = 79
h = ___

3

16 + 8 | 32 − 9 | 21 + 7 | 33 − 6 | 3 + 26 | 15 + 9

25 − 0 | 19 + 6 | 30 − 2 | 17 + 8 | 31 − 7

16 + 5 | 34 − 9 | 27 − 1 | 23 + 2 | 30 − 8

18 + 8 − 2 | 29 − 6 + 4

9 + 12 + 5 | 34 − 7 − 2

1 Schreibe die Additions- und Subtraktionsaufgaben und löse.

a)

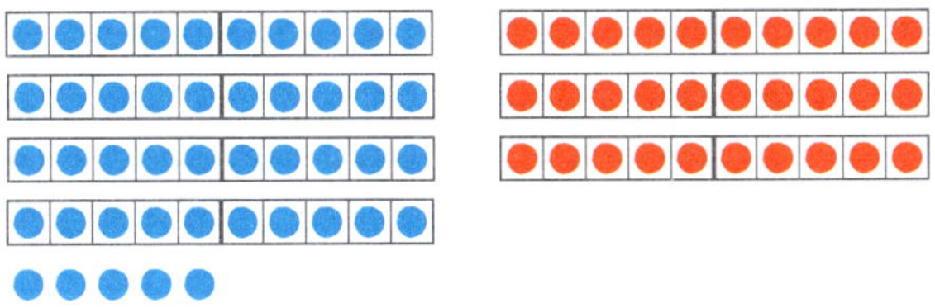

45 + 30 = ____

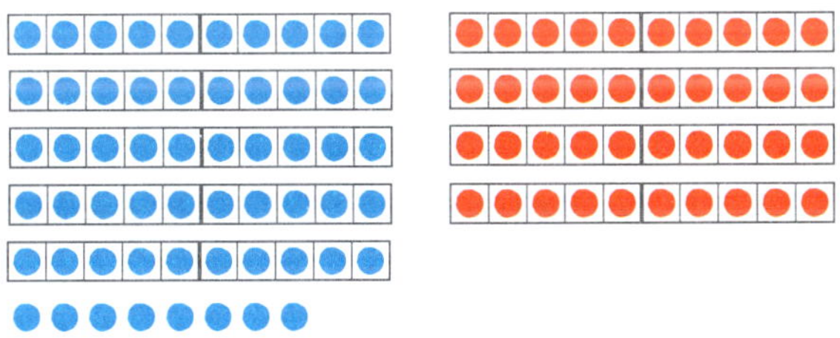

____ + ____ = ____

b)

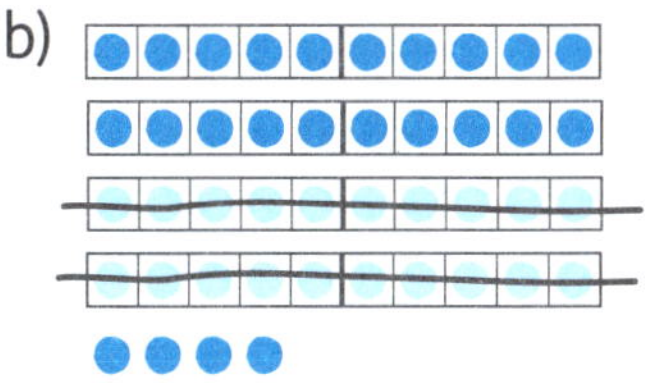

44 – ____ = ____

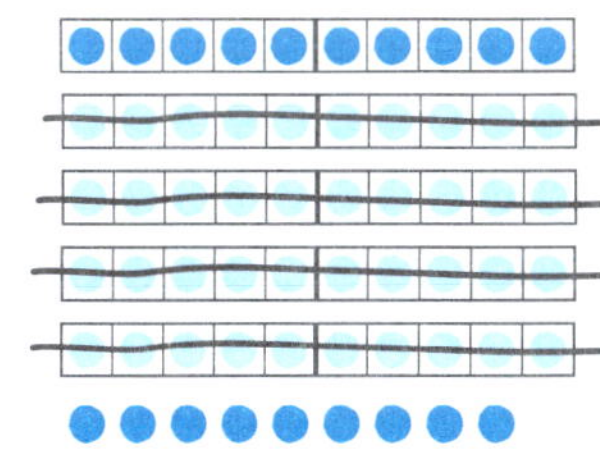

____ – ____ = ____

2

a) 37 + 30 = ____
27 + 20 = ____
47 + 10 = ____
27 + 30 = ____
17 + 30 = ____
47 47 57
57 67 67

b) 10 + 44 = ____
40 + 24 = ____
20 + 34 = ____
50 + 24 = ____
30 + 44 = ____
54 54 64
64 74 74

c) 45 – 20 = ____
65 – 50 = ____
85 – 50 = ____
75 – 60 = ____
35 – 10 = ____
15 15 25
25 35 35

d) 59 – 20 = ____
79 – 30 = ____
99 – 50 = ____
89 – 60 = ____
69 – 30 = ____
29 29 39
39 49 49

3

38 + 10 | 58 – 20 | 28 + 30 | 88 – 40 | 18 + 40 | 78 – 40

78 – 20 – 20 | 38 + 10 + 10 | 28 + 10 + 20 | 28 + 10 + 10

98 – 40 – 20 | 68 – 10 – 20 | 18 + 20 + 10 | 18 + 20 + 20

88 – 20 – 30

____ + ____ | ____ – ____ | ____ + ____ | ____ – ____

94 – 6 – 40 | 10 + 38 + 10 | 75 – 7 – 20 | 20 + 18 + 20

1 a)

33 + 5	
+ +	+
7 + 2	
+	47

57 + 6	
+ +	+
5 + 2	
+	70

5 + 79	
+ +	+
3 + 4	
+	91

3 + 7	
+ +	+
5 + 48	
+	63

b)

24 + 20	
+ +	+
10 + 30	
+	84

20 + 37	
+ +	+
10 + 30	
+	97

20 + 40	
+ +	+
20 + 18	
+	98

4 + 36	
+ +	+
26 + 8	
+	74

2 a)

52 + 6	
+ +	+
+ 3	
+	66

+ 7	
+ +	+
5 + 65	
+	79

4 + 2	
+ +	+
+ 2	
+	56

19 + 30	
+ +	+
+ 20	
+	89

b)

17 +	25
+ +	+
9 + 1	
+	

32 + 3	
+ +	+
7 +	9
+	

+	
+ +	+
+ 10	50
52 + 40	

+	
+ +	+
4 + 13	
37 + 20	

3 Finde jeweils 3 unterschiedliche Lösungen.

a)

+	19
+ +	+
+	5
17 + 7	

+	19
+ +	+
+	5
17 + 7	

+	19
+ +	+
+	5
17 + 7	

b)

+	33
+ +	+
+	9
37 + 5	

+	33
+ +	+
+	9
37 + 5	

+	33
+ +	+
+	9
37 + 5	

1 Schreibe Additionsaufgaben und löse.

a)
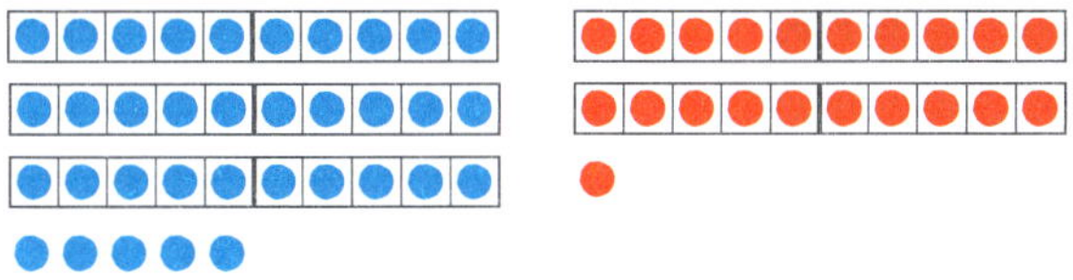

35 + 21 = ____

b)
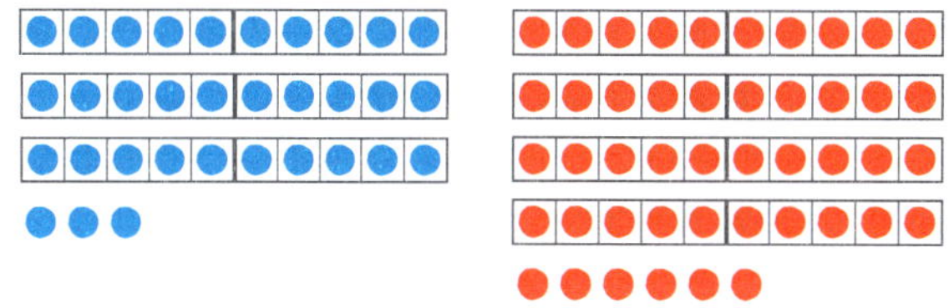

33 + ____ = ____

c)
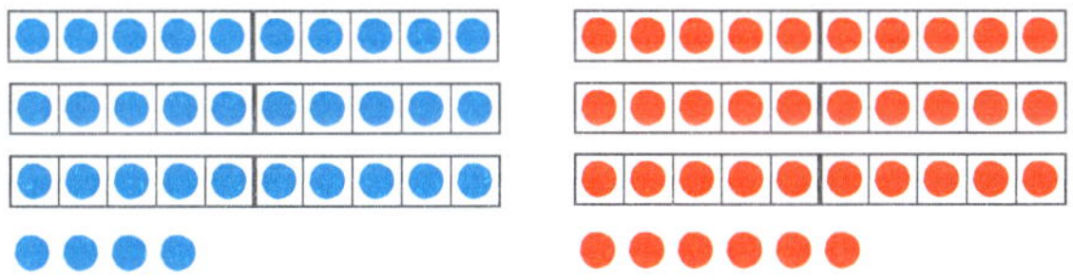

____ + ____ = ____

d)
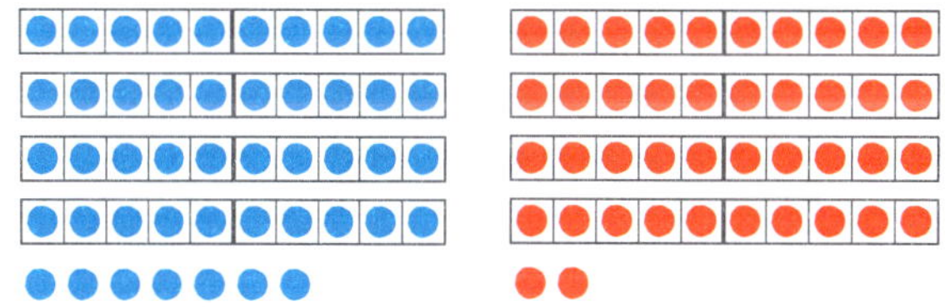

____ + ____ = ____

2 Wie rechnest du? Notiere.

a) 23 + 34 | 56 + 32 | 18 + 61

b) 12 + 37 | 48 + 22 | 15 + 74

3

a)
13 + 32 = ____
14 + 25 = ____
12 + 43 = ____
16 + 62 = ____
51 + 26 = ____

39 45 55
77 78 87

b)
23 + 25 = ____
18 + 61 = ____
42 + 36 = ____
35 + 33 = ____
71 + 19 = ____

48 51 68
78 79 90

c)
45 + 0 + 54 = ____
46 + 11 + 32 = ____
23 + 12 + 44 = ____
17 + 10 + 61 = ____
2 + 31 + 26 = ____

59 68 79
88 89 99

SB 40 195 – 196

1 Schreibe Subtraktionsaufgaben und löse.

a)
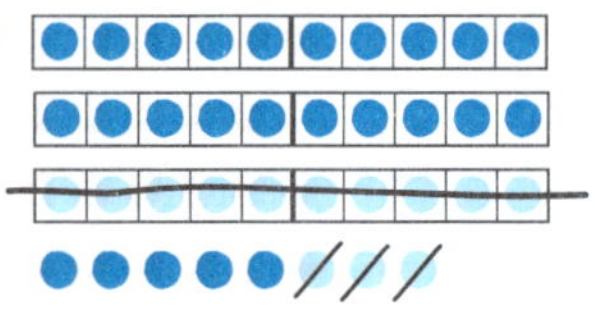

38 – 13 = ____

b)
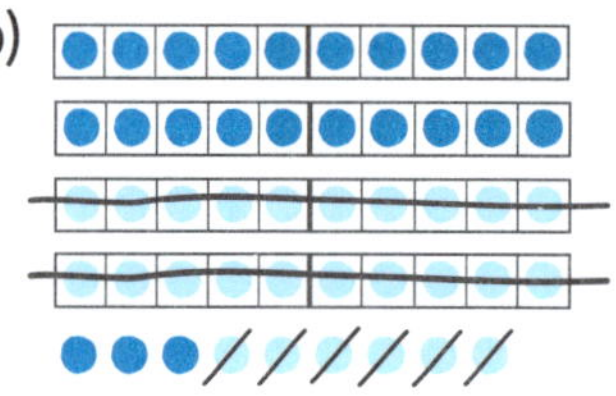

49 – ____ = ____

c)
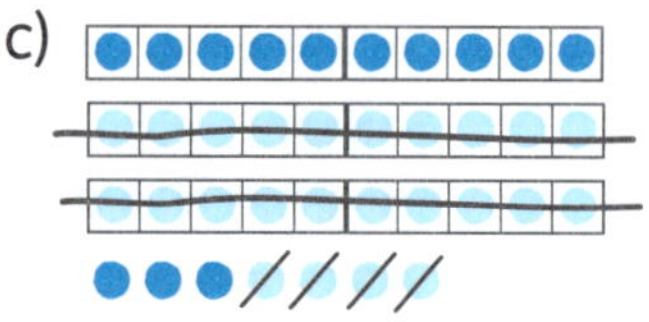

____ – ____ = ____

d)
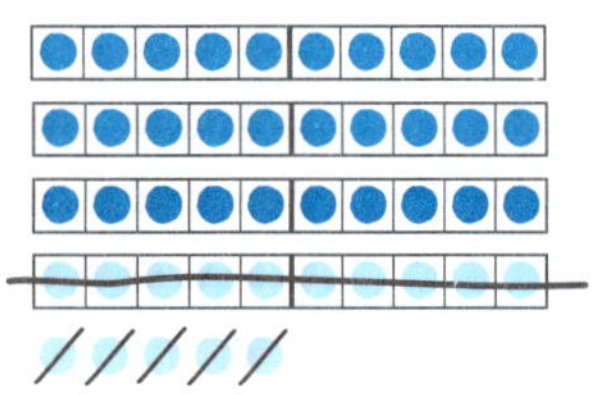

____ – ____ = ____

e)
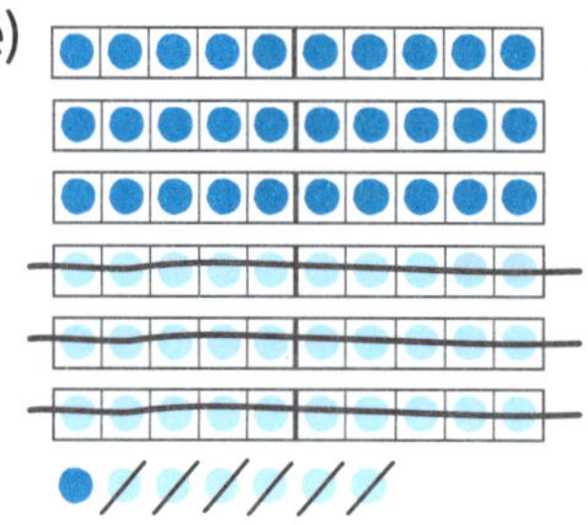

____ – ____ = ____

f)
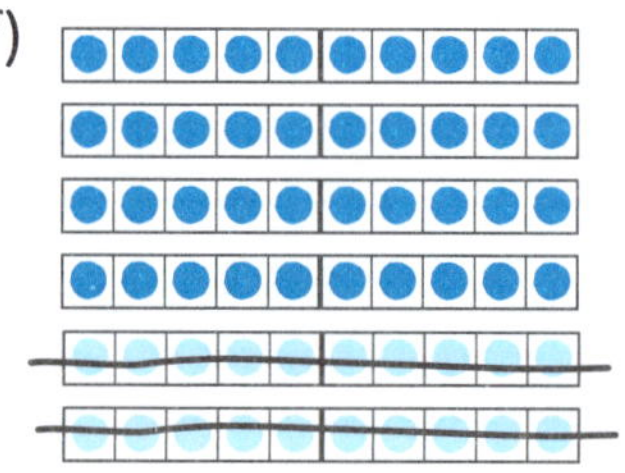

____ – ____ = ____

2 Wie rechnest du? Notiere.

a) 69 – 57   85 – 62   99 – 58

b) 78 – 65   97 – 74   68 – 46

3

a)
87 – 32 = ____
75 – 13 = ____
98 – 54 = ____
64 – 21 = ____
89 – 25 = ____
43 44 45
55 62 64

b)
52 – 11 = ____
79 – 56 = ____
99 – 37 = ____
67 – 42 = ____
84 – 63 = ____
21 23 25
40 41 62

c)
78 – 65 = ____
86 – 77 = ____
92 – 82 = ____
83 – 51 = ____
97 – 76 = ____
9 10 13
21 32 79

SB 41   199 – 200

1 Zeichne am Zahlenstrahl die Sprünge ein und setze die Zahlenfolgen fort.

13 →(+7) 20 → 27 → 34 → ☐ → ☐ → ☐ → ☐ → ☐

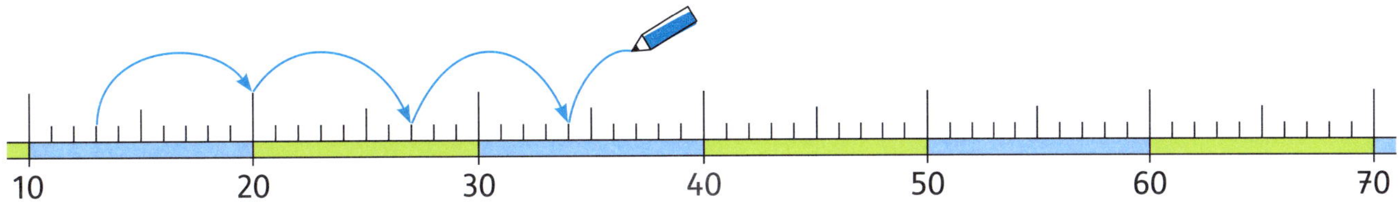

62 →(−6) 56 → 50 → 44 → ☐ → ☐ → ☐ → ☐ → ☐

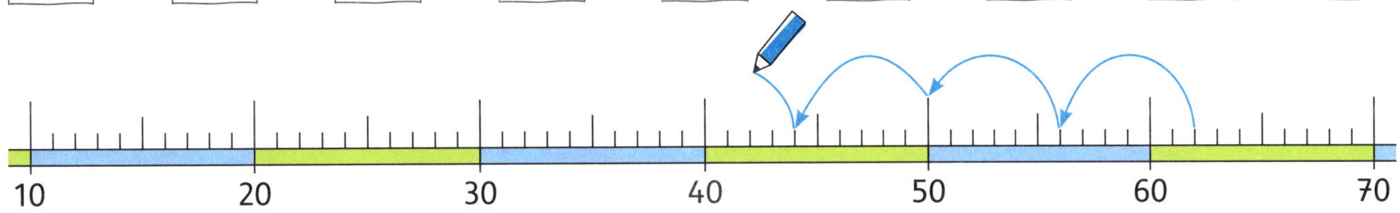

2 Setze die Zahlenfolgen fort.

74 →(−5) 69 →(−3) 66 → 61 → ☐ → ☐ → ☐ → ☐ → ☐

27 → 34 → 36 → 43 → ☐ → ☐ → ☐ → ☐ → ☐

81 → 77 → 69 → 65 → ☐ → ☐ → ☐ → ☐ → ☐

3

7 →(+6) 13 →(−3) 10 → 16 → 13 → ☐ → ☐ → ☐ → ☐

69 → 65 → 67 → 63 → 65 → ☐ → ☐ → ☐ → ☐

92 → 83 → 87 → 78 → 82 → ☐ → ☐ → ☐ → ☐

SB 42 **KV** 29–30, 44 367–375

Kombinieren

1 Trax möchte für sein Segelboot ein großes und ein kleines Segel basteln. Er hat dafür Stoff in 4 verschiedenen Farben.

Löse mit Hilfe der Tabelle:

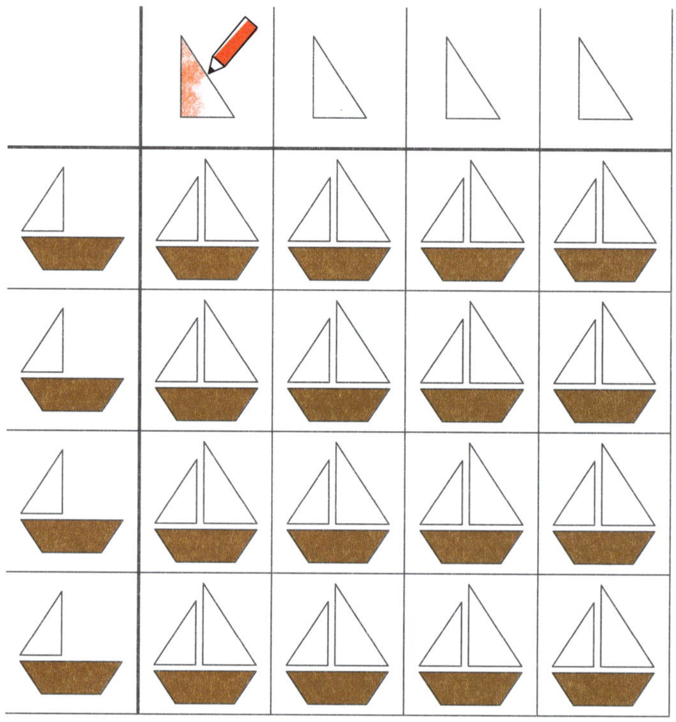

a) Trax behauptet, dass es 16 verschiedene Möglichkeiten gibt. Hat Trax Recht? ◯ Ja ◯ Nein

b) Trax möchte für beide Segel die gleiche Farbe nehmen. Es sind ____ Möglichkeiten.

c) Trax möchte, dass die beiden Segel unterschiedliche Farben haben. Es sind ____ Möglichkeiten.

d) Trax möchte für die beiden Segel keinen grünen Stoff verwenden. Es sind ____ Möglichkeiten.

2 Ella überlegt, was sie anziehen möchte.

Löse mit Hilfe der Tabelle:

a) Ella kombiniert ein T-Shirt mit einer Mütze. Es sind ____ Möglichkeiten.

b) Ella möchte nichts Gelbes und nichts Blaues anziehen. Es gibt ____ Möglichkeiten.

c) Ella möchte keine grüne Mütze aufsetzen. Es gibt ____ Möglichkeiten.

d) Ella behauptet, dass es nur 6 verschiedene Möglichkeiten gibt, wenn sie kein rotes T-Shirt anziehen möchte. Hat Ella Recht? ◯ Ja ◯ Nein

1 Du möchtest eine blaue Perle ziehen. Bei welchem Beutel hast du die höchste Gewinnchance?
Kreuze jeweils an.

a) ☐  ☐ 

☐  ☐ 

b) ☐  ☐ 

☐  ☐ 

2 Kim, Ina, Jan und Paul haben 40-mal eine Perle gezogen.
Wer könnte aus welchem Beutel gezogen haben?

1  2 

3  4 

Kim: Nr: ____

🔴	🔵
卌 卌 卌 卌 ||||	卌 卌 卌 |

Ina: Nr: ____

🔴	🔵
卌 卌 卌 ||||	卌 卌 卌 卌 |

Jan: Nr: ____

🔴	🔵
卌 卌	卌 卌 卌 卌 卌 卌

Paul: Nr: ____

🔴	🔵
卌 卌 卌 卌 卌 卌 卌 |||	||

3 Trax hat 5 Beutel nach der Wahrscheinlichkeit, eine rote Perle zu ziehen,
am Wahrscheinlichkeitsstreifen geordnet.
Welche Perlen könnten in den Beuteln sein? Färbe.

1 Was passt zusammen?

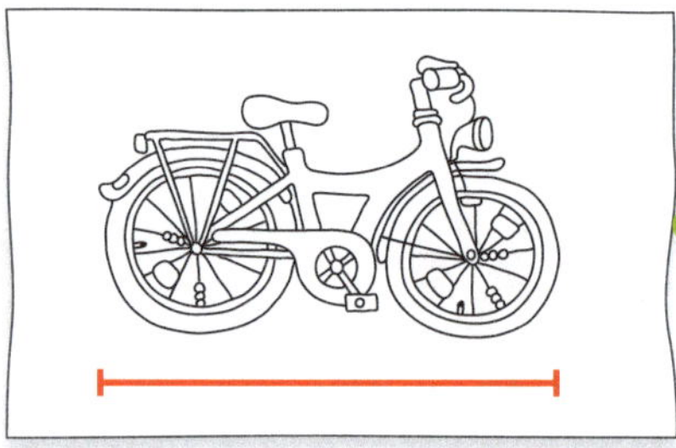

12 m 85 cm

85 m 44 cm

1 m 79 cm

4 m 35 cm

37 m 57 cm

2 Ordne nach der Länge. Beginne jeweils mit der kürzesten Länge.

a) 3 m, 2 m 50 cm, ~~1 m 15 cm~~, 10 m

1m 15cm			

b) 4 m 65 cm, 3 m 30 cm, 2 m 65 cm, 1 m 30 cm

c) 3 m 55 cm, 35 m 5 cm, 35 m 35 cm, 3 m 5 cm

3

3 m + 23 cm = 3m 23cm

4 m + 75 cm = ______

5 m + 13 cm = ______

6 m + 7 cm = ______

5 m 68 cm + 9 cm = ______

4 m 25 cm + 8 cm = ______

3 m 79 cm + 7 cm = ______

2 m 54 cm + 6 cm = ______

4

92 cm + 8 cm = 1 m

60 cm + ____ cm = 1 m

20 cm + ____ cm = 1 m

96 cm + ____ cm = 1 m

4 6 ~~8~~ 40 80

3 m 50 cm + ____ cm = 4 m

4 m 40 cm + ____ cm = 5 m

3 m 10 cm + ____ cm = 4 m

4 m 95 cm + ____ cm = 5 m

5 50 60 90 95

7 m 92 cm + ____ cm = 8 m

8 m 2 cm + ____ cm = 9 m

7 m 52 cm + ____ cm = 8 m

8 m 82 cm + ____ cm = 9 m

8 18 48 78 98

1

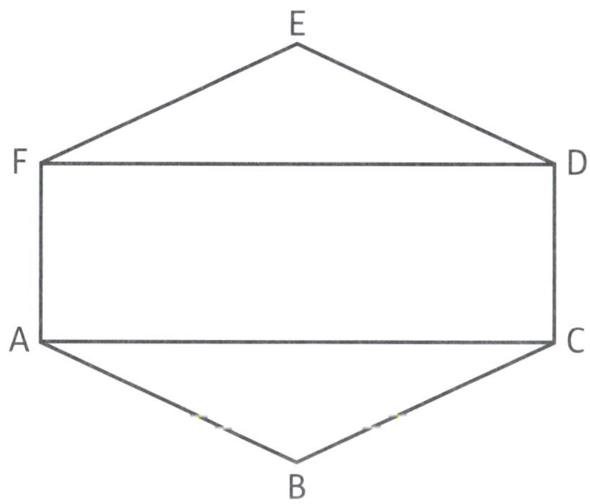

a) Wie lang sind die Strecken? Notiere.

Strecke	Länge
$\overline{AC}$	cm mm
$\overline{DE}$	
$\overline{FA}$	
$\overline{CB}$	

b) Zeichne alle Strecken, die kürzer als 4 cm sind, rot nach.

2 Zeichne die Strecken.

$\overline{AB}$ = 6 cm | $\overline{CD}$ = 7 cm 4 mm | $\overline{EF}$ = 8 cm 2 mm | $\overline{RS}$ = 98 mm | $\overline{OP}$ = 45 mm

A

3 Ergänze die fehlenden Angaben.

a)
3 cm = ___ mm
6 cm = ___ mm
4 cm = ___ mm
___ cm = 80 mm
___ cm = 10 mm
___ cm = 50 mm

b)
1 cm 5 mm = ___ mm
4 cm 9 mm = ___ mm
7 cm 3 mm = ___ mm
___ cm ___ mm = 52 mm
___ cm ___ mm = 94 mm
___ cm ___ mm = 8 mm

c)
18 mm + ___ mm = 2 cm
32 mm + ___ mm = 4 cm
66 mm + ___ mm = 7 cm
___ mm + 5 mm = 9 cm
___ mm + 3 mm = 8 cm
___ mm + 9 mm = 9 cm

4 Kann das stimmen? Kreuze an.

	Ja	Nein
a) Maximilians kleine Schwester ist 98 cm groß.	☐	☐
b) Herrn Kunzes Armspanne beträgt 7 m 35 cm.	☐	☐
c) Der Zaun vor unserer Schule ist 40 mm lang.	☐	☐
d) Julias neue Federmappe ist 15 cm breit.	☐	☐
e) Ron schafft mit einem großen Schritt einen Meter.	☐	☐
f) Frau Schulzes Hund ist 2 cm 9 mm hoch.	☐	☐

1 Knack den Tresor.

Legeregel:
Es gibt 4 Formen:

In jeder Reihe,
in jeder Spalte
und in jedem
2x2-Quadrat
liegt jede Form
genau einmal.

2

3

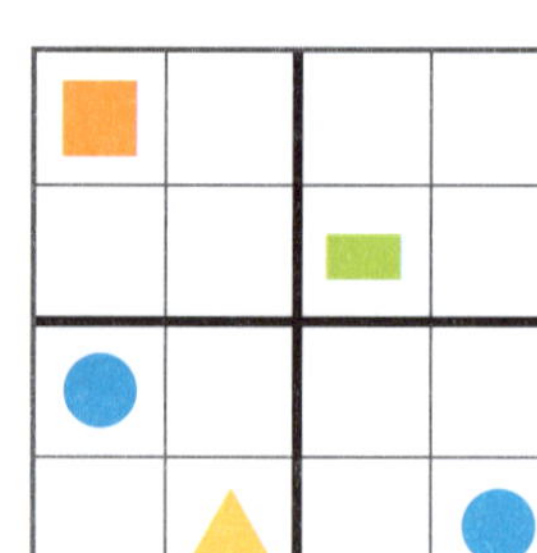

1 Wie viele Quadrate siehst du?

a)

___ Quadrate

b)

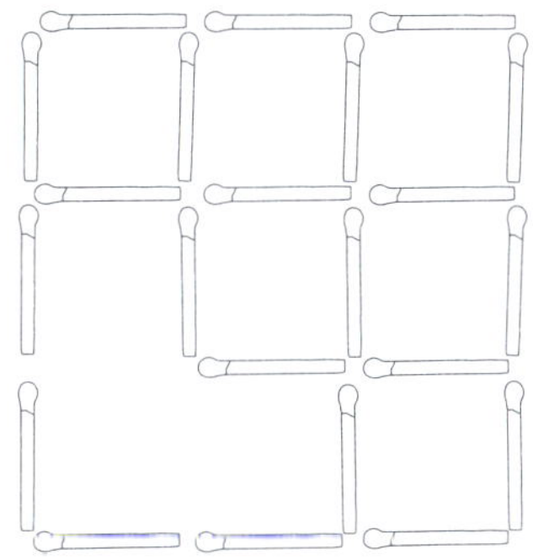

Nimm 2 weg.
Es bleiben 4 Quadrate.

c)

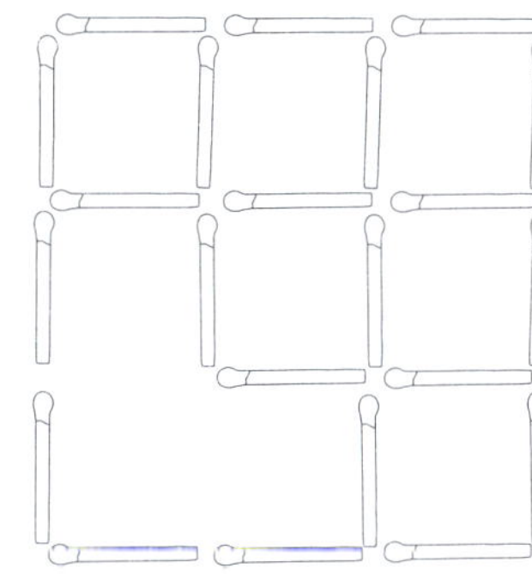

Nimm 2 weg.
Es bleiben 5 Quadrate.

d)

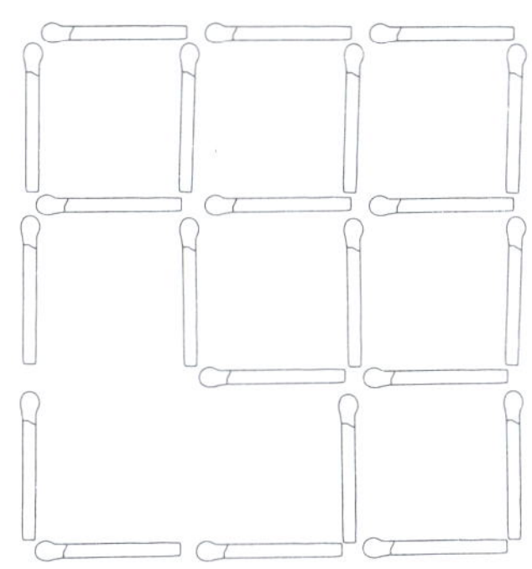

Nimm 2 weg.
Es bleiben 6 Quadrate.

e)

Nimm 2 weg.
Es bleiben 7 Quadrate.

2 Wie viele Dreiecke siehst du?

a)

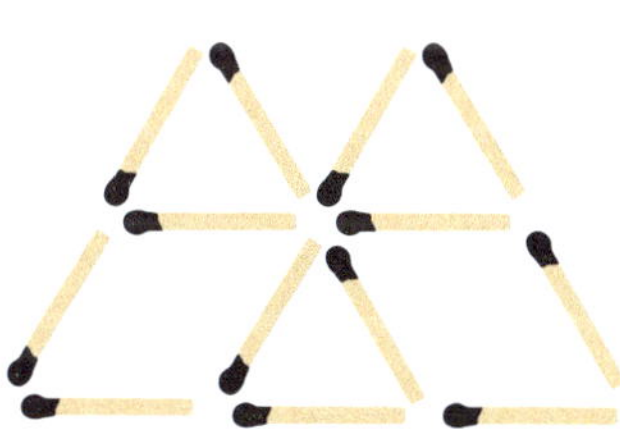

___ Dreiecke

b)

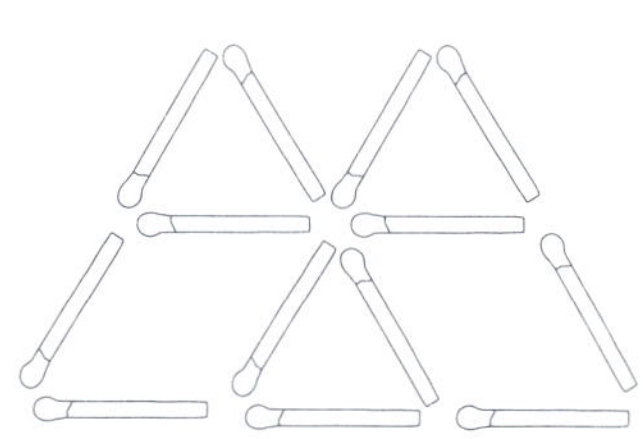

Lege 2 dazu.
Es sind 6 Dreiecke.

c)

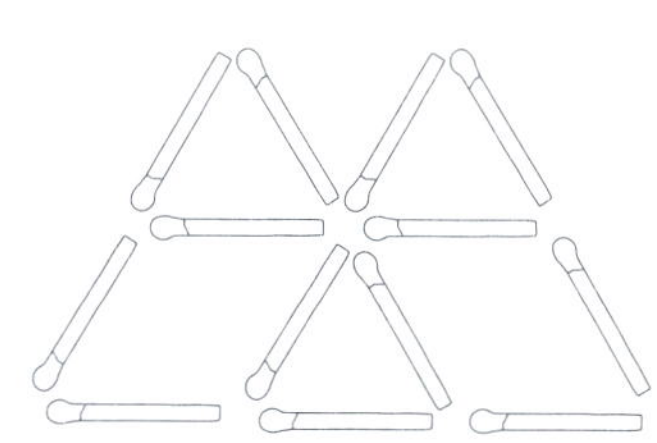

Lege 2 dazu.
Es sind 7 Dreiecke.

d)

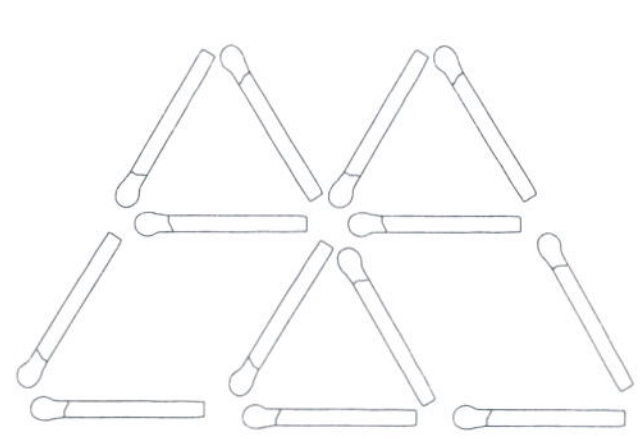

Lege 2 dazu.
Es sind 8 Dreiecke.

e)

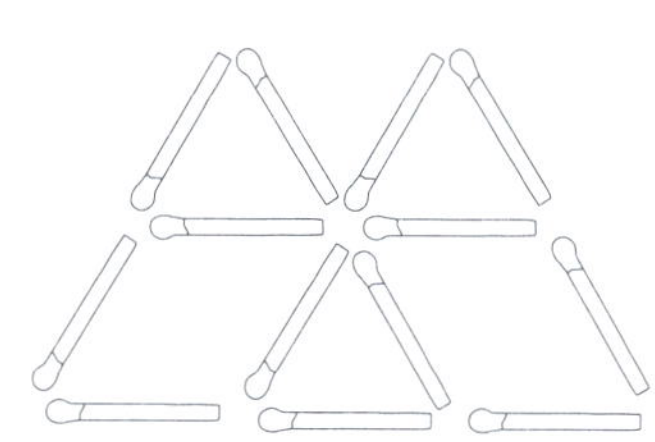

Lege 2 dazu.
Es sind 9 Dreiecke.

1

a) 67 + 8 = ____
69 + 3 = ____
68 + 6 = ____
69 + 5 = ____
72 72 74 74 75

b) 55 + 24 = ____
25 + 31 = ____
36 + 32 = ____
17 + 62 = ____
56 56 68 79 79

c) 82 − 8 = ____
81 − 9 = ____
83 − 7 = ____
82 − 6 = ____
72 74 74 76 76

d) 68 − 24 = ____
99 − 63 = ____
47 − 23 = ____
86 − 62 = ____
24 24 36 36 44

2

a)

b)

c)

d)

3 Zeichne die Strecken.

$\overline{AB}$ = 40 mm $\overline{OP}$ = 6 cm 5 mm $\overline{EF}$ = 7 cm 8 mm $\overline{CD}$ = 92 mm

A

4 Lege die Figur aus. Notiere.
Finde unterschiedliche Möglichkeiten.

□	
△	
△	
gesamt	

□	
△	
△	
gesamt	

□	
△	
△	
gesamt	

5

V	↓	N
31	32	33
	44	
	57	
	69	
	80	

V	↓	N
22		
		100
48		
		60
75		

NZ	↓	NZ
20	23	30
	54	
	46	
	82	
	17	

NZ	↓	NZ
	79	
	38	
	65	
	21	
	99	

Zueinander parallele und senkrechte Geraden

1 Zeichne jeweils 2 Geraden parallel zu a, zu b und zu c.

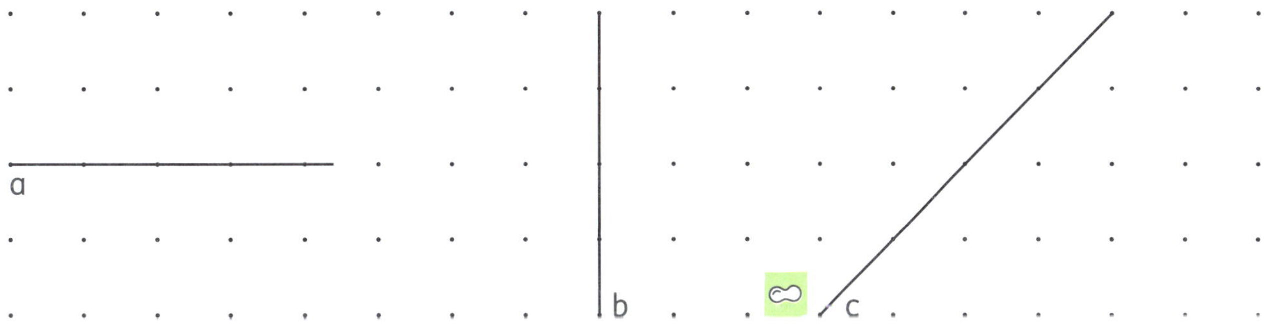

2 a) Prüfe und vervollständige. Nutze dein Geodreieck.

__a__ ist parallel zu _____

_____ ist parallel zu _____

_____ ist parallel zu _____

_____ ist parallel zu _____

_____ ist **nicht** parallel zu _____

_____ ist **nicht** parallel zu _____

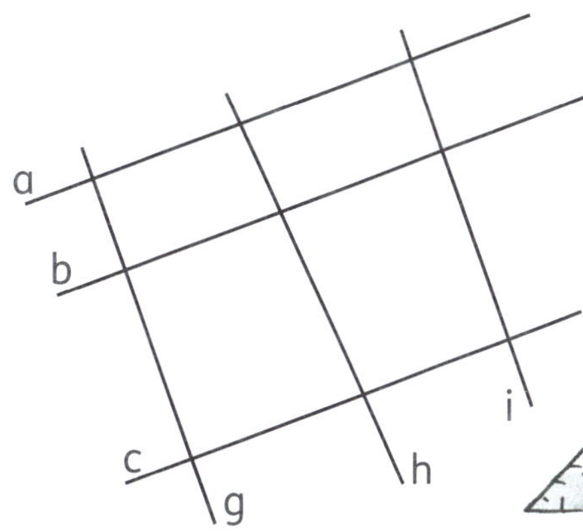

b) Zeichne noch je eine parallele Gerade zu b und zu i.

3 Zeichne jeweils 2 Geraden senkrecht zu a, zu b und zu c.

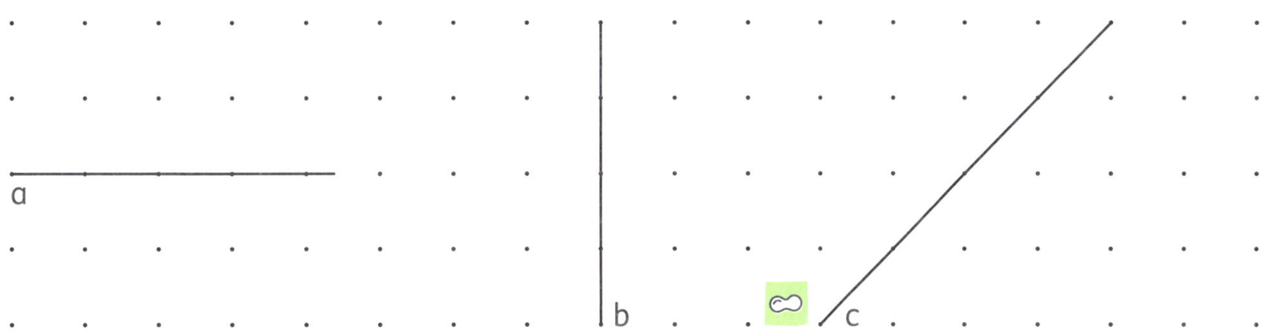

4 a) Prüfe und vervollständige. Nutze dein Geodreieck.

__a__ ist senkrecht zu _____

_____ ist senkrecht zu _____

_____ ist senkrecht zu _____

_____ ist **nicht** senkrecht zu _____

_____ ist **nicht** senkrecht zu _____

_____ ist **nicht** senkrecht zu _____

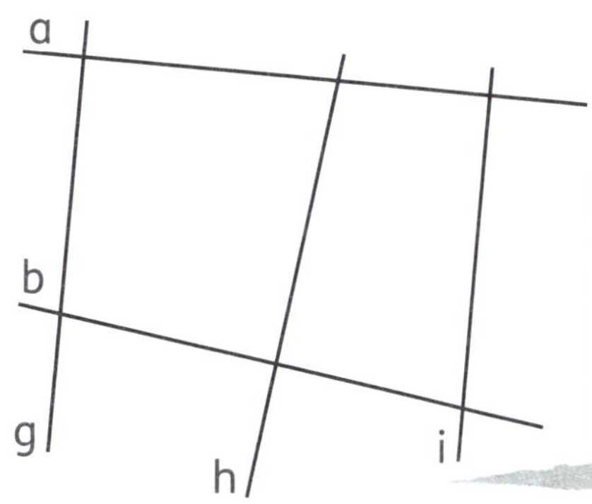

b) Zeichne noch je eine senkrechte Gerade zu b und zu i.

1

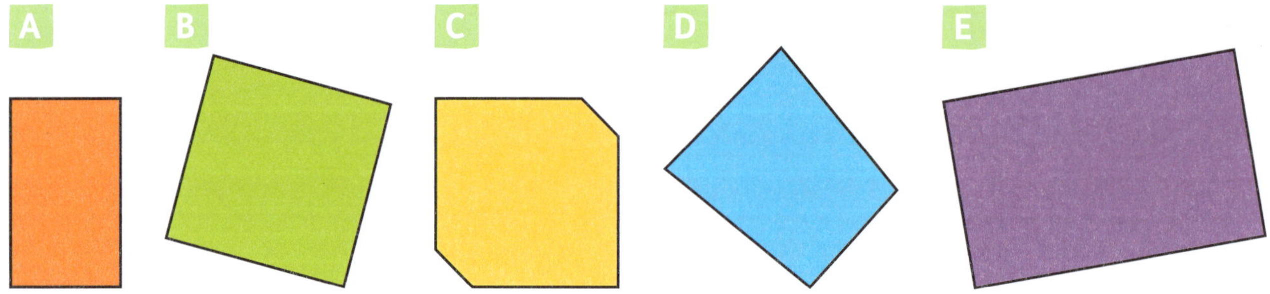

	A	B	C	D	E
4 rechte Winkel	ja				
4 gleich lange Seiten	nein				
Es ist ein Rechteck.					
Es ist ein Quadrat.					

2 Zeichne Rechtecke. Nutze die Punkte und dein Geodreieck.

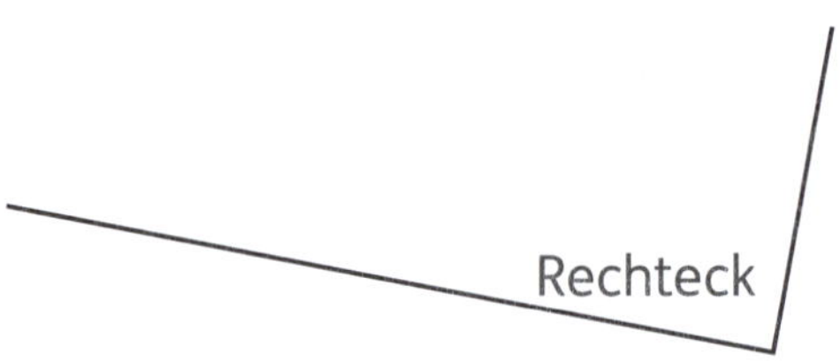

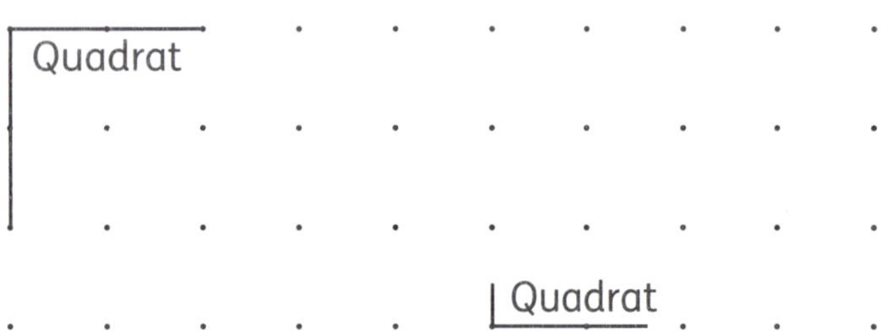

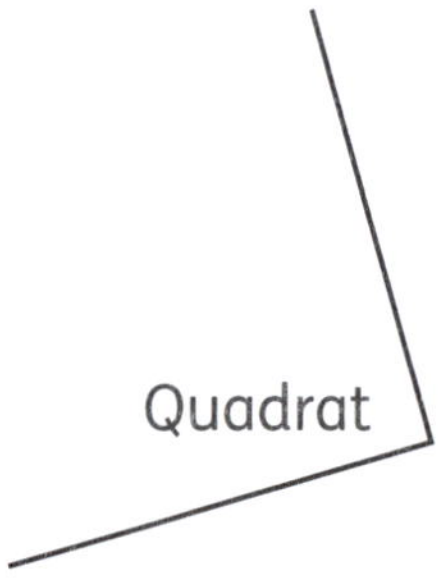

3 Verbinde jeweils die 4 Punkte zu einem Rechteck.

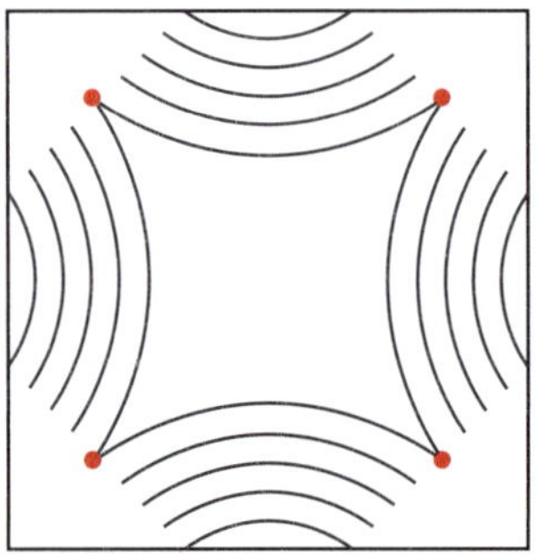
A

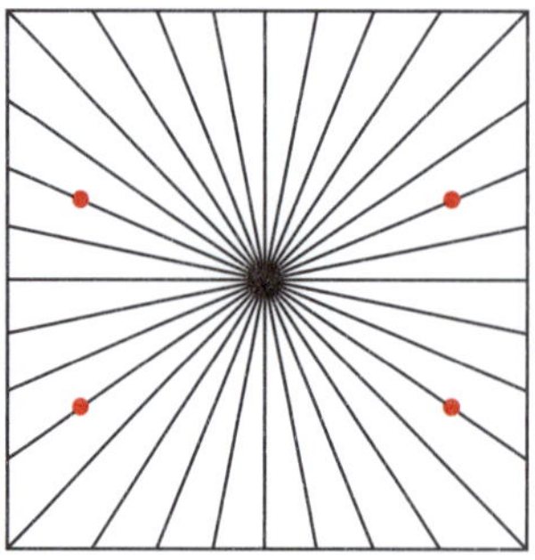
B

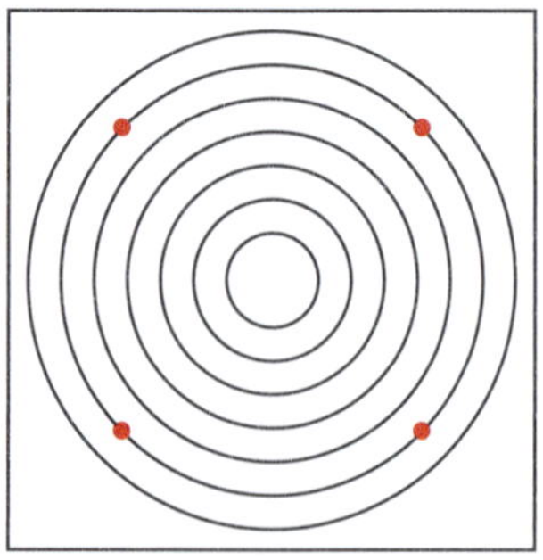
C

Was fällt dir auf? ______________________________

1 Bestimme jeweils den Radius und den Durchmesser des Kreises.

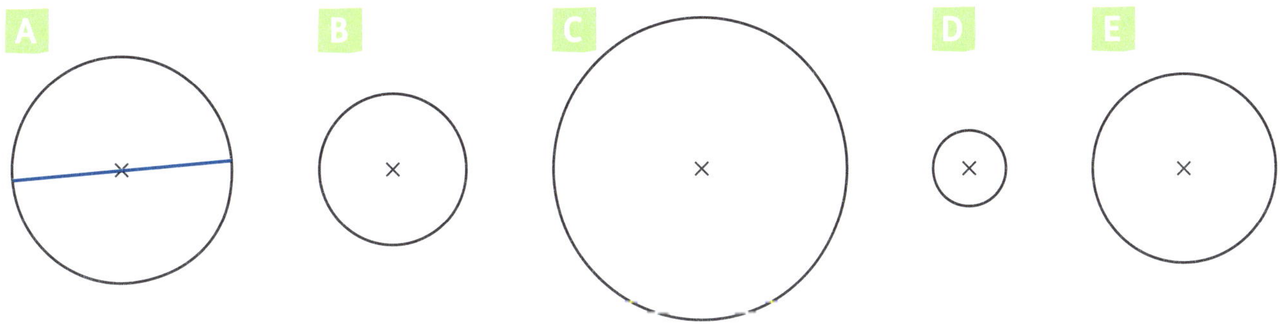

	A	B	C	D	E
Durchmesser					
Radius					

2 Zeichne mit dem Zirkel um jeden Punkt M einen Kreis mit einem Radius von 2 cm. Färbe das Muster.

× M × M × M × M × M × M × M

3 Setze das Kreismuster mit dem Zirkel fort. Male es farbig aus.

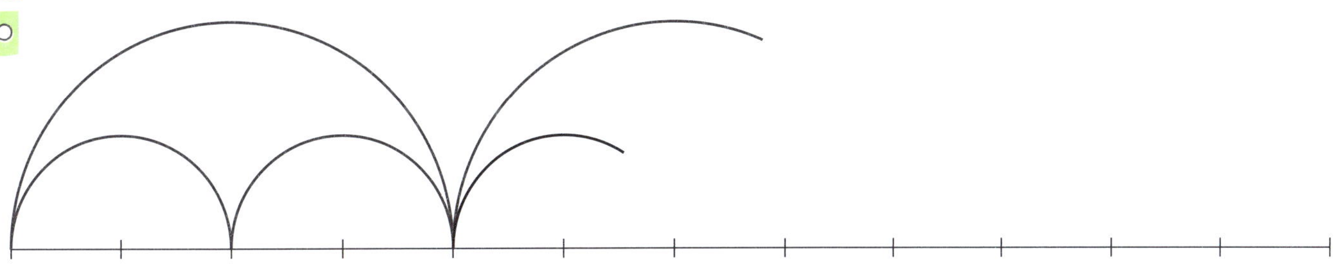

4 Zeichne die Figuren nach, ohne den Stift abzusetzen. Keine Linie soll doppelt gezeichnet werden.

a)

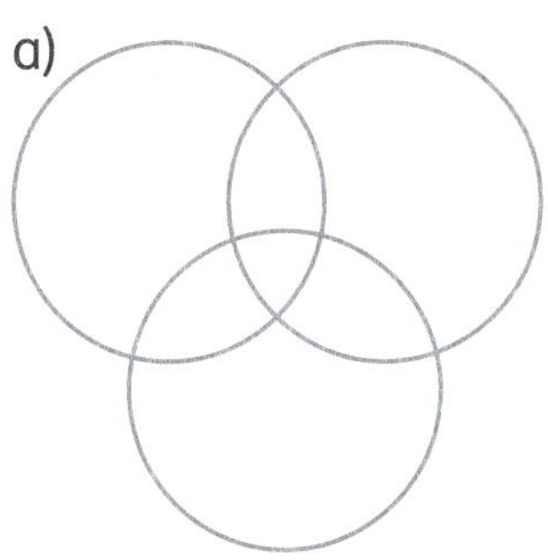

b)

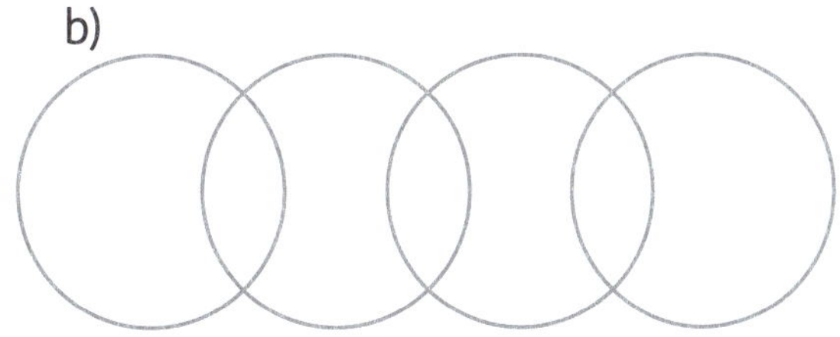

c)

1

4 + ___ + ___ = ___

___ · ___ = ___

2

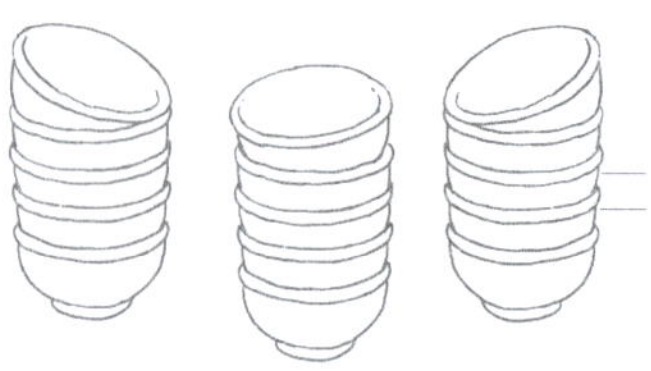

___ + ___ + ___ = ___

___ · ___ = ___

___ + ___ + ___ + ___ + ___ = ___

___ · ___ = ___

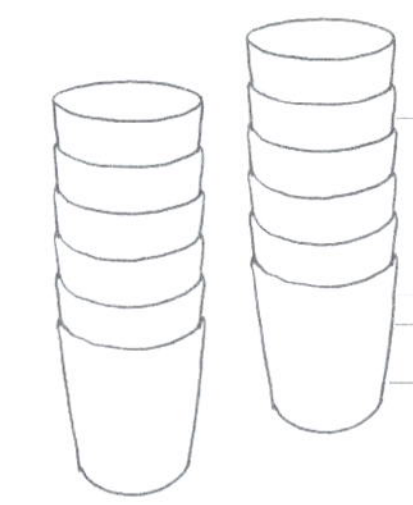

___ + ___ = ___

___ · ___ = ___

3 Zeichne und rechne.

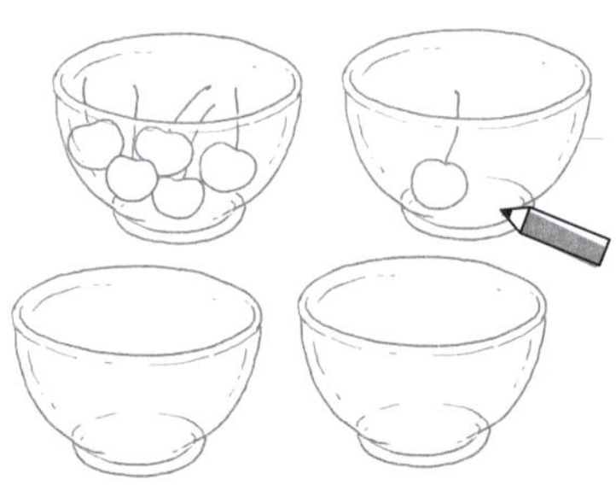

4 · 5 = ___

5 + ___ = ___

3 · 2 = ___

___ = ___

2 · 4 = ___

___ = ___

4 Zeichne Malaufgaben und rechne.

3 · 3 = ___

3 + ___ = ___

2 · 7 = ___

___ = ___

4 · 3 = ___

___ = ___

1 Schreibe Malaufgaben und rechne.

a) b) c) d)

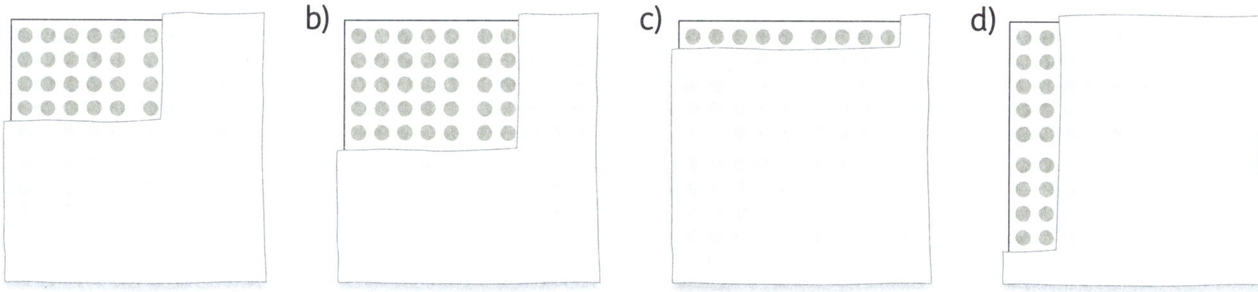

a) 4 · 6 = ___ b) ___ · ___ = ___ c) ___ · ___ = ___ d) ___ · ___ = ___

e) f) g) h)

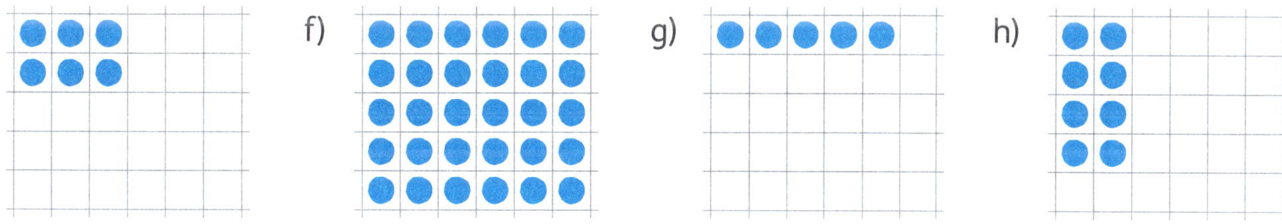

e) 2 · ___ = ___ f) ___ · ___ = ___ g) ___ · ___ = ___ h) ___ · ___ = ___

2 Färbe Punkte für die Malaufgaben und rechne.

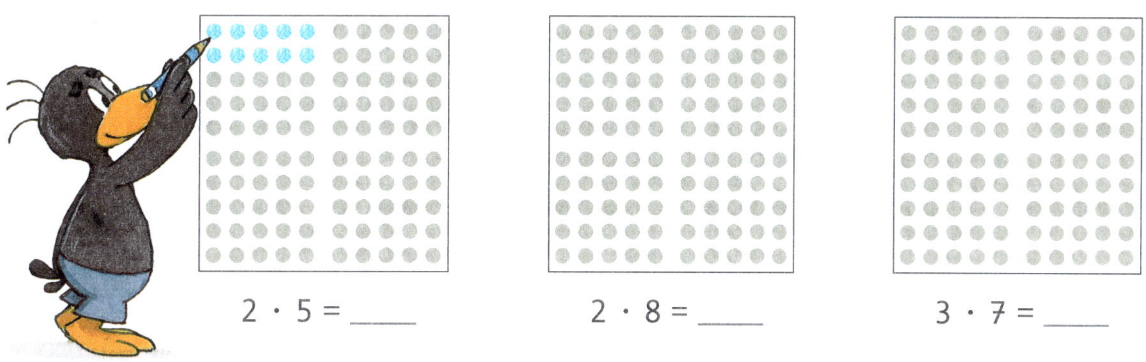

2 · 5 = ___ 2 · 8 = ___ 3 · 7 = ___

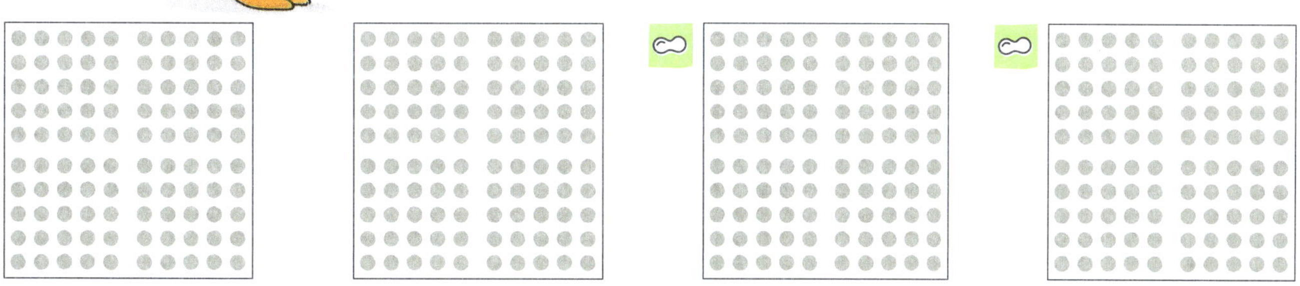

1 · 4 = ___ 4 · 3 = ___ ___ · ___ = ___ ___ · ___ = ___

3 Zeichne zu jeder Aufgabe ein Punktebild. Rechne.

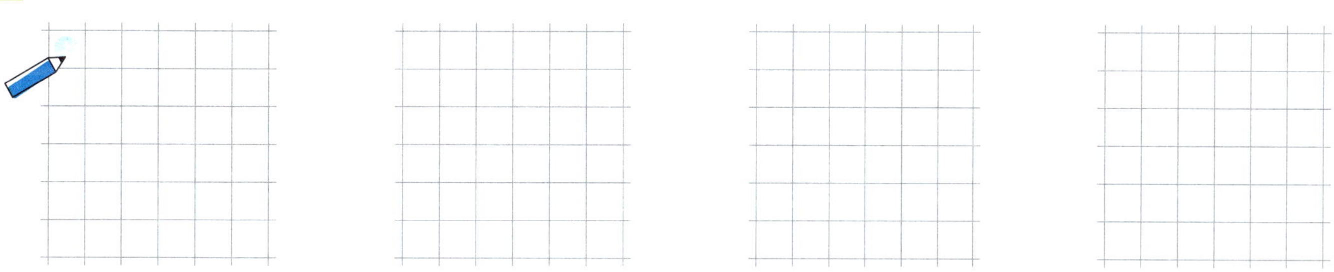

5 · 5 = ___ 6 · 3 = ___ 2 · 4 = ___ 4 · 5 = ___

1 Rechne immer 2 Malaufgaben.

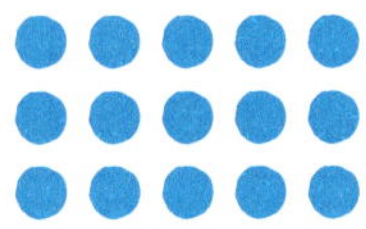

3 · 5 = ___
5 · 3 = ___

___ · ___ = ___
___ · ___ = ___

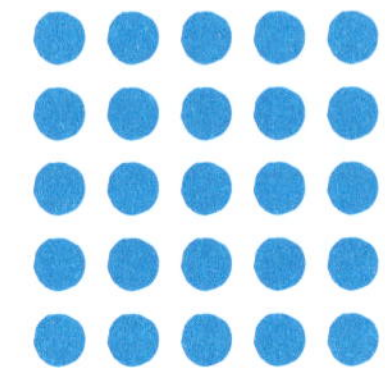

___ · ___ = ___
___ · ___ = ___

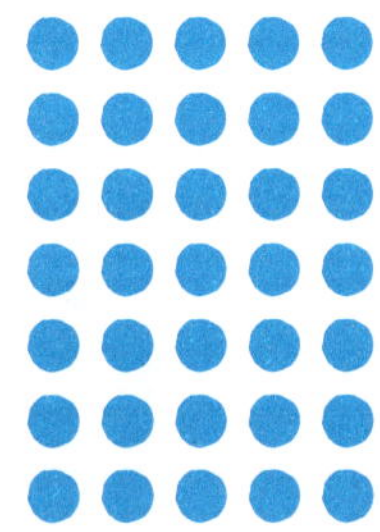

___ · ___ = ___
___ · ___ = ___

___ · ___ = ___
___ · ___ = ___

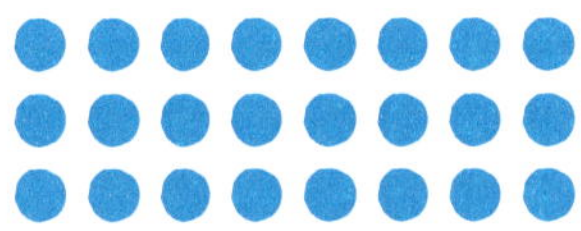

___ · ___ = ___
___ · ___ = ___

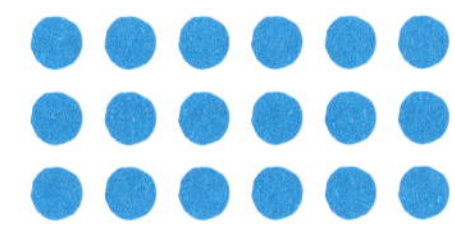

___ · ___ = ___
___ · ___ = ___

2 Zeichne Punktebilder. Rechne Aufgabe und Tauschaufgabe.

5 · 6 = ___
6 · 5 = ___

6 · 7 = ___
___ · ___ = ___

4 · 8 = ___
___ · ___ = ___

9 · 4 = ___
___ · ___ = ___

2 · 5 = ___
___ · ___ = ___

1 · 6 = ___
___ · ___ = ___

___ · ___ = ___
___ · ___ = ___

___ · ___ = ___
___ · ___ = ___

SB 63 204

1 a) Immer 3 Bälle einkreisen.

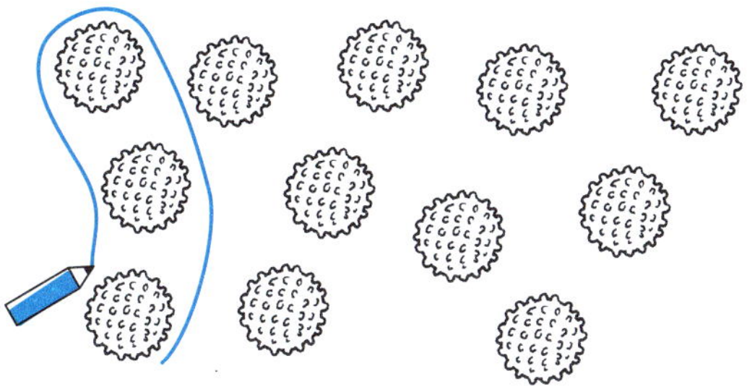

12 : 3 = ____

b) Immer 2 Bälle einkreisen.

____ : ____ = ____

c) Immer 4 Bälle einkreisen.

____ : ____ = ____

d) Immer 6 Bälle einkreisen.

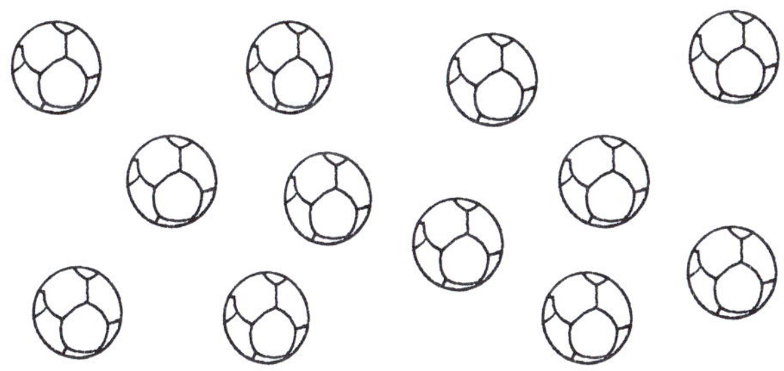

____ : ____ = ____

2 Zeichne, kreise ein und rechne.

a)

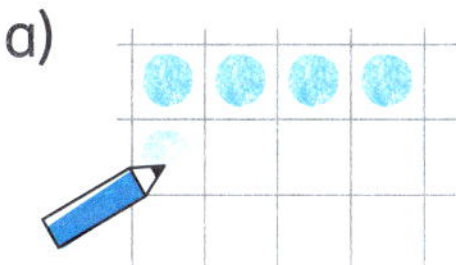

16 : 4 = ____

b) 10 : 5 = ____

c) 14 : 7 = ____

d) 24 : 8 = ____

e) 21 : 7 = ____

f) 24 : 6 = ____

3 Felix hat 12 Plättchen. Welche Reihen kann er legen? Zeichne Punktebilder und rechne.

12 : ____ = ____

12 : ____ = ____

12 : ____ = ____

1 a)

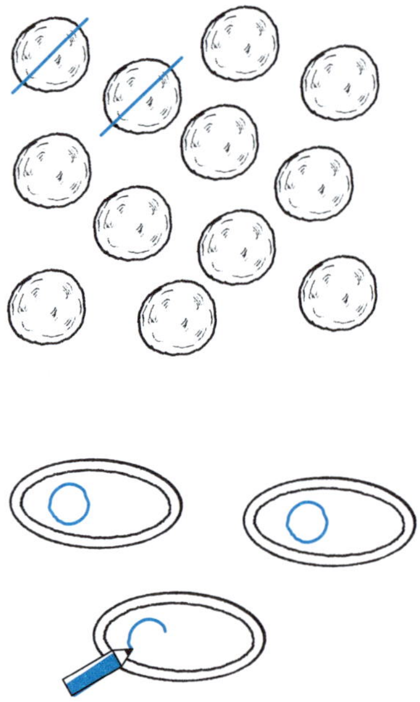

12 : 3 = ___

b)

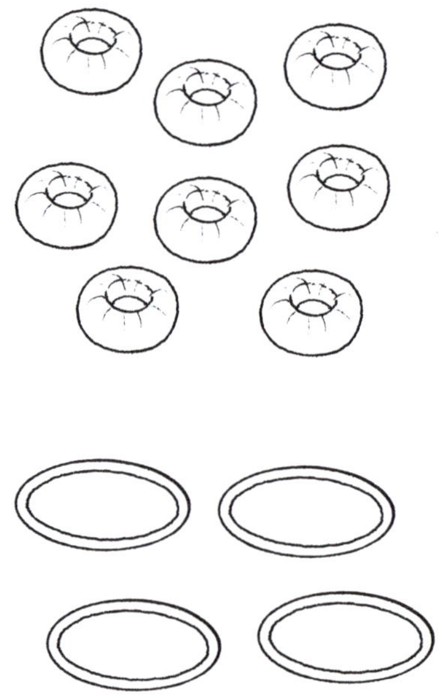

8 : 4 = ___

c)

9 : 3 = ___

2 a)

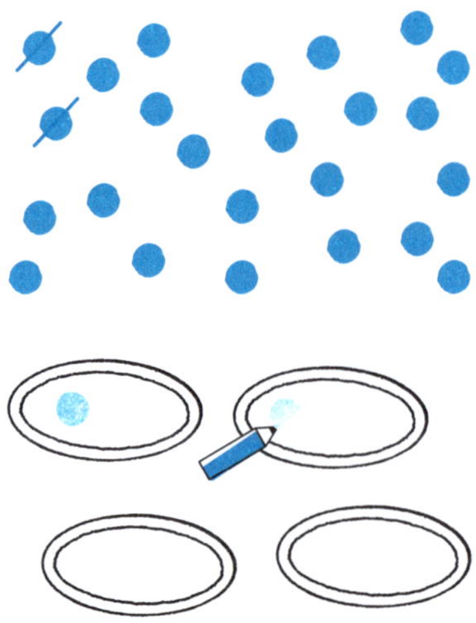

___ : 4 = ___

b)

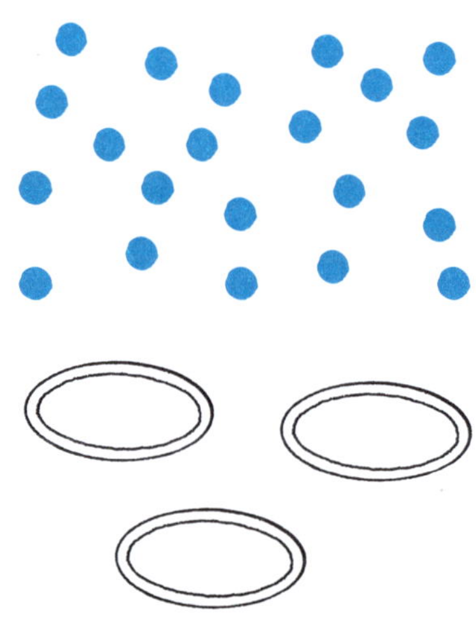

___ : ___ = ___

c)

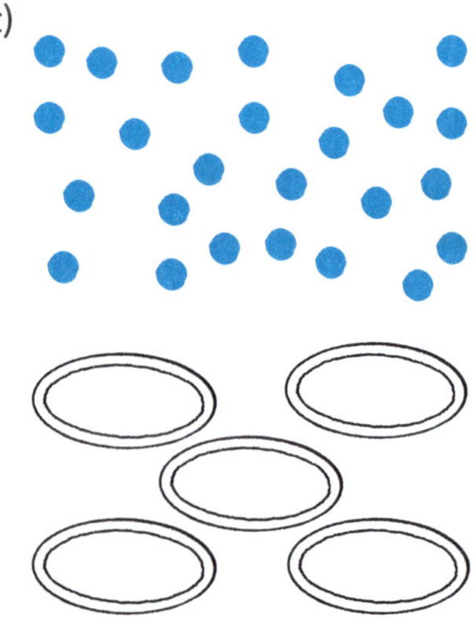

___ : ___ = ___

3 20 Plättchen werden verteilt.

a) auf 2 Teller.

___ : ___ = ___

b) auf 4 Teller.

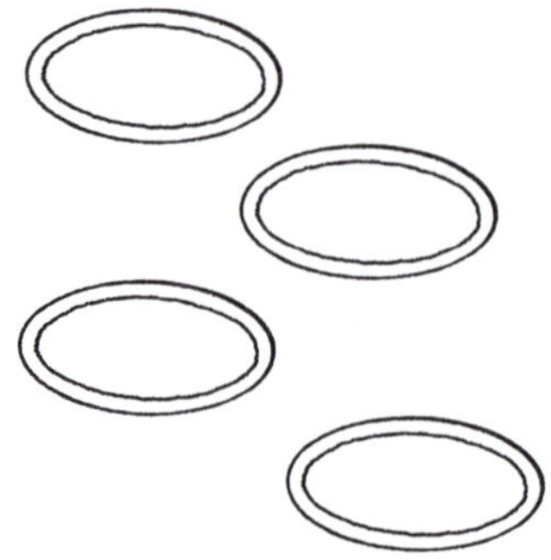

___ : ___ = ___

c) auf 5 Teller.

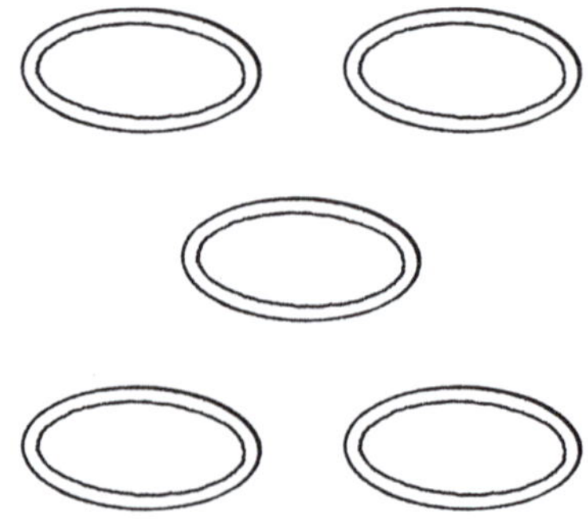

___ : ___ = ___

SB 66

1 a)

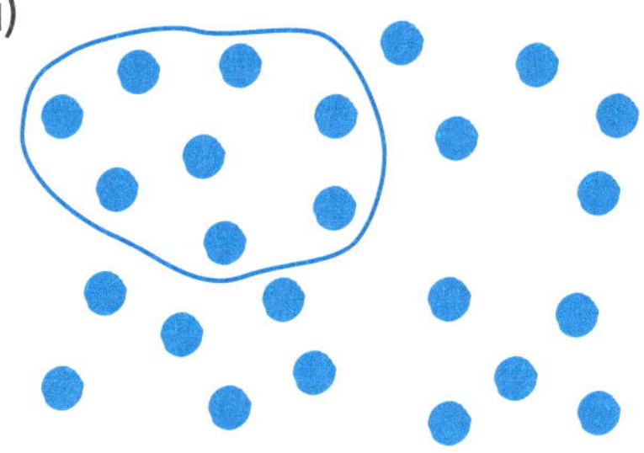

24 : 8 = ____
____ · 8 =

b)

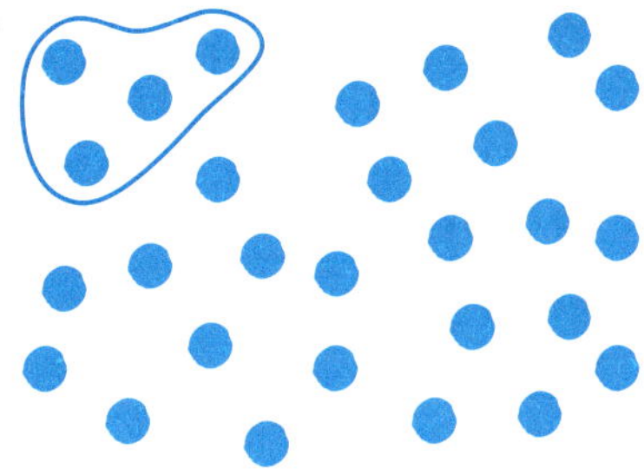

____ : 4 = ____
· 4 =

c)

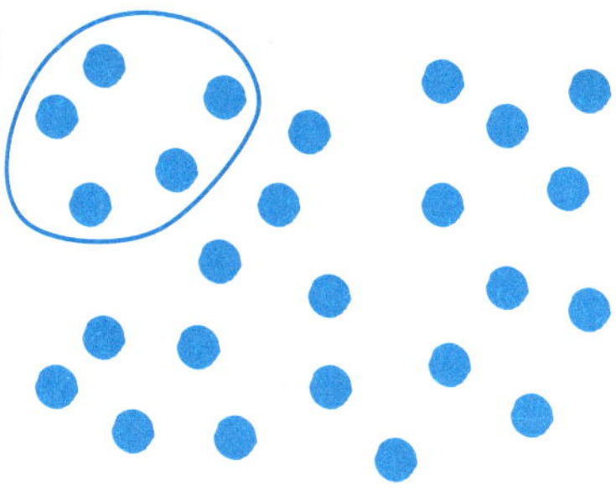

____ : 5 = ____
· 5 =

2 a)

28 : 4 = ____
____ · ____ = ____

b)

____ : ____ = ____
____ · ____ = ____

c)

____ : ____ = ____
____ · ____ = ____

d)

____ : ____ = ____
____ · ____ = ____

3 Zeichne Punktebilder und rechne. Kontrolliere mit der Umkehraufgabe.

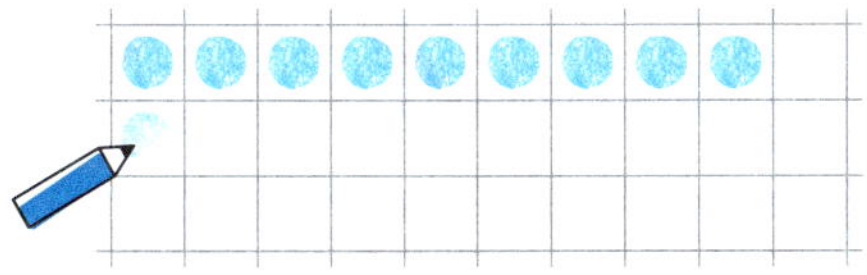

18 : 9 = ____
____ · ____ = ____

21 : 7 = ____
____ · ____ = ____

8 : 8 = ____
____ · ____ = ____

4 a)

10 : 2 = 5
5 · 2 = ____

30 : 10 = ____
____ · ____ = ____

16 : 8 = ____
____ · ____ = ____

8 : 1 = ____
____ · ____ = ____

b)

9 : 9 = ____
____ · ____ = ____

18 : 2 = ____
____ · ____ = ____

4 : 2 = ____
____ · ____ = ____

12 : 6 = ____
____ · ____ = ____

c)

12 : 2 = ____
6 · 2 = 12

____ : ____ = ____
2 · 3 = ____

____ : ____ = ____
4 · 1 = ____

____ : ____ = ____
10 · 5 = ____

SB 67

1 Schreibe zu jedem Punktebild die Aufgabenfamilie.

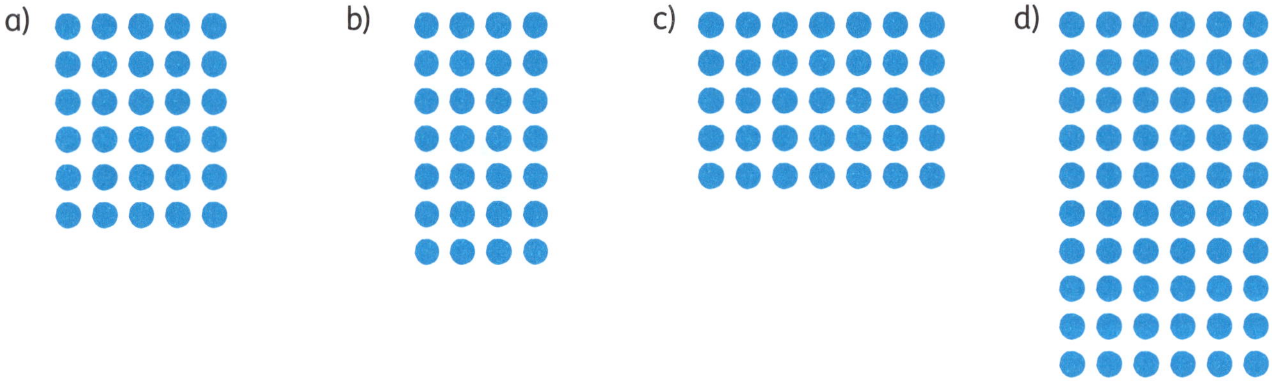

a)

6 · 5 = 30
5 · 6 =
30 : 5
30 : 6

b)

c)

d)

2 Schreibe Aufgabenfamilien.

21		
7		3
7 · 3 = 21		
3 · 7 = ___		
21 : ___ = ___		
___ : ___ = ___		

32 — 8, 4
___ · ___ = ___
___ · ___ = ___
___ : ___ = ___
___ : ___ = ___

36 — 4, 9
___ · ___ = ___
___ · ___ = ___
___ : ___ = ___
___ : ___ = ___

49 — 7, 7
___ · ___ = ___
___ : ___ = ___

12 — ___, 4
___ · ___ = ___
___ · ___ = ___
___ : ___ = ___
___ : ___ = ___

40 — ___, 10
___ · ___ = ___
___ · ___ = ___
___ : ___ = ___
___ : ___ = ___

10 — 5, ___
___ · ___ = ___
___ · ___ = ___
___ : ___ = ___
___ : ___ = ___

___ — ___, ___
___ = ___
___ = ___
___ = ___
___ = ___

SB 68 KV 60–61

1 Schreibe Malaufgaben und rechne.

a) 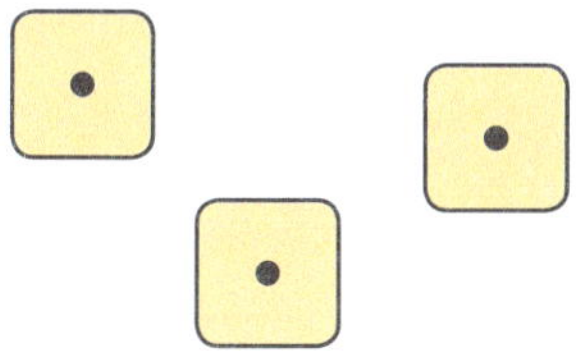

3 · ____ = ____

b) 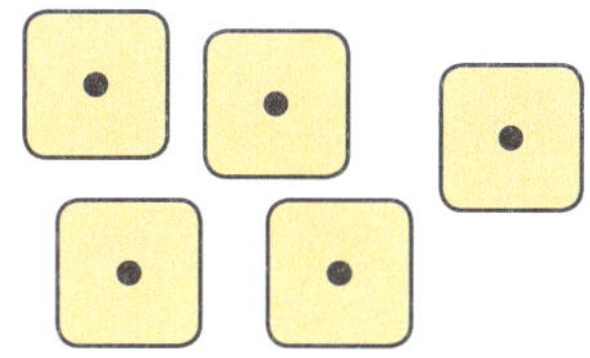

____ · ____ = ____

c) 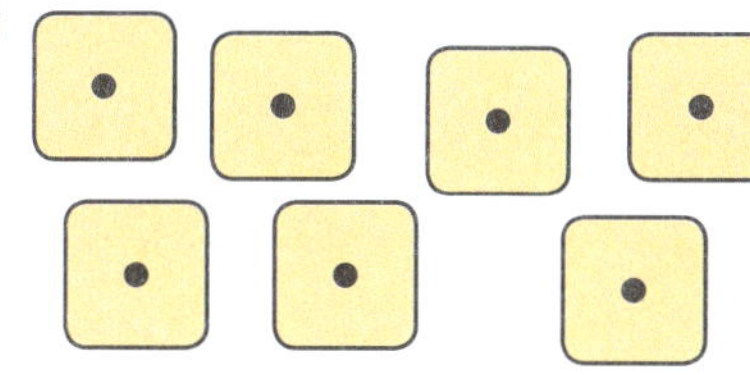

____ · ____ = ____

2

a)
1 · 1 = ____
4 · 1 = ____
6 · 1 = ____
3 · 1 = ____
8 · 1 = ____

2 · 1 = ____
5 · 1 = ____
9 · 1 = ____
10 · 1 = ____
7 · 1 = ____

b)
1 · 0 = ____
4 · 0 = ____
6 · 0 = ____
10 · 0 = ____
8 · 0 = ____

2 · 0 = ____
5 · 0 = ____
9 · 0 = ____
3 · 0 = ____
7 · 0 = ____

3 Kontrolliere mit der Umkehraufgabe.

a)
4 : 4 = 1
1 · 4 = ____

6 : 6 = ____
____ · ____ = ____

3 : 3 = ____
____ · ____ = ____

8 : 8 = ____
____ · ____ = ____

b)
7 : 7 = ____
____ · ____ = ____

5 : 5 = ____
____ · ____ = ____

2 : 2 = ____
____ · ____ = ____

10 : 10 = ____
____ · ____ = ____

4

a)
2 : 1 = ____
4 : 1 = ____
3 : 1 = ____
5 : 1 = ____
7 : 1 = ____

____ : 1 = 1
____ : 1 = 6
____ : 1 = 9
____ : 1 = 10
____ : 1 = 8

b)
0 : 2 = ____
0 : 4 = ____
0 : 3 = ____
0 : 5 = ____
0 : 7 = ____

____ : 1 = 0
____ : 6 = 0
____ : 9 = 0
____ : 10 = 0
____ : 8 = 0

5

a)
1 + 4 = ____
0 + 4 = ____
0 · 4 = ____
1 · 4 = ____

b)
8 − 0 = ____
8 − 1 = ____
8 : 1 = ____
8 · 0 = ____

c)
0 + 5 = ____
0 : 5 = ____
1 + 5 = ____
1 · 5 = ____

d)
9 − 1 = ____
9 · 1 = ____
9 : 1 = ____
9 + 0 = ____

e)
0 : 2 = ____
0 · 2 = ____
0 + 2 = ____
1 + 2 = ____

f)
7 : 1 = ____
7 − 1 = ____
7 − 0 = ____
7 · 1 = ____

Einmaleins mit 10 und 5

1 a) Rechne.

0 · 10 = 0 | 10 · 10 = ___ | 6 · 10 = ___ | 8 · 10 = ___
2 · 10 = ___ | 3 · 10 = ___ | 9 · 10 = ___ | 4 · 10 = ___
5 · 10 = ___ | 1 · 10 = ___ | 7 · 10 = ___ | 11 · 10 = ___

b) Verbinde.

0 · 10 | 1 · 10 | 2 · 10 | 3 · 10 | 4 · 10 | 5 · 10 | 6 · 10 | 7 · 10 | 8 · 10 | 9 · 10 | 10 · 10

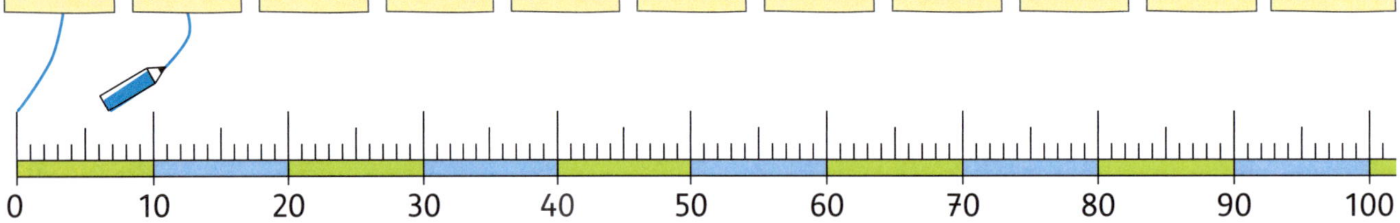

c) Trage die Ergebnisse des Einmaleins mit 10 in deine 1 · 1 Tafel auf Seite 71 ein.

2 a)

20 : 10 = ___ | 40 : 10 = ___
50 : 10 = ___ | 60 : 10 = ___
10 : 10 = ___ | 80 : 10 = ___
100 : 10 = ___ | 70 : 10 = ___
30 : 10 = ___ | 90 : 10 = ___

b)

___ : 10 = 5 | ___ : 10 = 8
___ : 10 = 2 | ___ : 10 = 6
___ : 10 = 4 | ___ : 10 = 1
___ : 10 = 7 | ___ : 10 = 9
___ : 10 = 3 | ___ : 10 = 10

3 a) Rechne.

2 · 5 = 10 | 10 · 5 = ___ | 6 · 5 = ___ | 4 · 5 = ___
5 · 5 = ___ | 0 · 5 = ___ | 7 · 5 = ___ | 8 · 5 = ___
1 · 5 = ___ | 3 · 5 = ___ | 9 · 5 = ___ | 12 · 5 = ___

b) Verbinde.

0 · 5 | 1 · 5 | 2 · 5 | 3 · 5 | 4 · 5 | 5 · 5 | 6 · 5 | 7 · 5 | 8 · 5 | 9 · 5 | 10 · 5

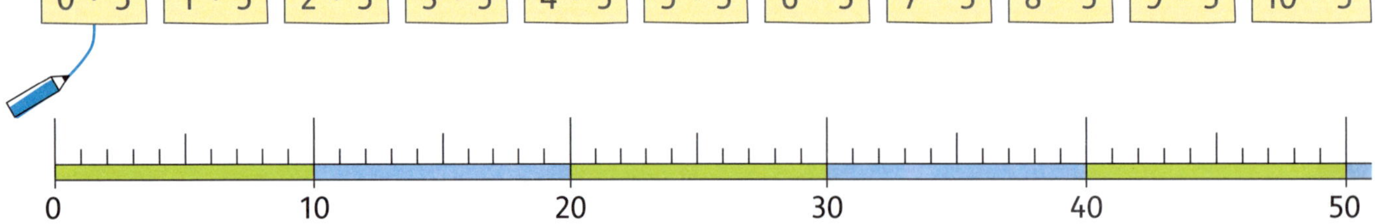

c) Trage die Ergebnisse des Einmaleins mit 5 in deine 1 · 1 Tafel auf Seite 71 ein.

4 a)

10 : 5 = ___ | 15 : 5 = ___
5 : 5 = ___ | 30 : 5 = ___
50 : 5 = ___ | 45 : 5 = ___
25 : 5 = ___ | 40 : 5 = ___
20 : 5 = ___ | 35 : 5 = ___

b)

___ : 5 = 5 | ___ : 5 = 7
___ : 5 = 2 | ___ : 5 = 6
___ : 5 = 4 | ___ : 5 = 1
___ : 5 = 8 | ___ : 5 = 10
___ : 5 = 3 | ___ : 5 = 9

SB 70–71 KV 63–64 205–208, 223–226

1 a) Rechne.

2 · 2 = 4 10 · 2 = ___ 8 · 2 = ___ 7 · 2 = ___

0 · 2 = ___ 1 · 2 = ___ 6 · 2 = ___ 4 · 2 = ___

5 · 2 = ___ 3 · 2 = ___ 9 · 2 = ___ 12 · 2 = ___

b) Verbinde.

0 · 2 | 1 · 2 | 2 · 2 | 3 · 2 | 4 · 2 | 5 · 2 | 6 · 2 | 7 · 2 | 8 · 2 | 9 · 2 | 10 · 2

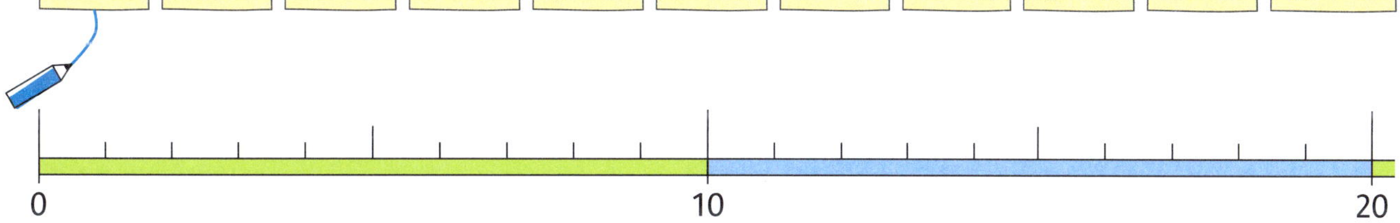

c) Trage die Ergebnisse des Einmaleins mit 2 in deine 1 · 1 Tafel auf Seite 71 ein.

2 a) 2 : 2 = ___ 12 : 2 = ___

10 : 2 = ___ 6 : 2 = ___

20 : 2 = ___ 18 : 2 = ___

4 : 2 = ___ 14 : 2 = ___

8 : 2 = ___ 16 : 2 = ___

b) ___ : 2 = 5 ___ : 2 = 4

___ : 2 = 1 ___ : 2 = 8

___ : 2 = 2 ___ : 2 = 7

___ : 2 = 3 ___ : 2 = 10

___ : 2 = 6 ___ : 2 = 9

3 a)

·	1	0	2
5	5		
10			

b)

·	1	0	2
3			
6			

c)

·	1	0	2
8			
9			

d)

·		5	10
2	4		
4			

e)

·	2	5	10
5			
		40	

f)

·	2	5	
9			
7			70

4 Verbinde die Ergebnisse der Reihe nach auf der Maluhr.

0 · 2 = 0 6 · 2 = ___

1 · 2 = 2 7 · 2 = ___

2 · 2 = 4 8 · 2 = ___

3 · 2 = ___ 9 · 2 = ___

4 · 2 = ___ 10 · 2 = ___

5 · 2 = ___

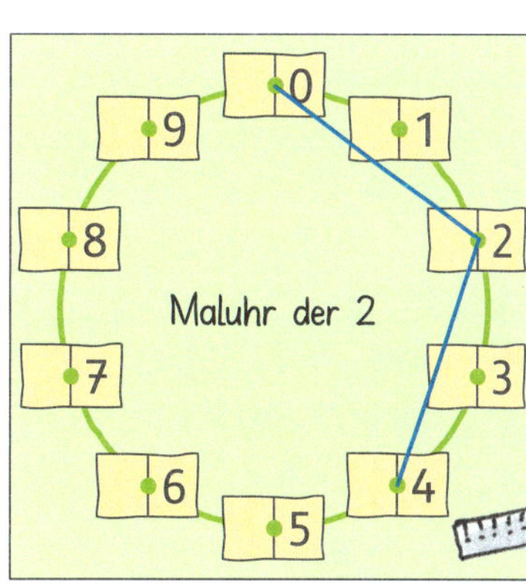

4 Bei zweistelligem Ergebnis wird nur die Einerstelle in der Maluhr verbunden.

SB 72 209 – 210, 227 – 228

1 Welche der verdeckten Zahlen in der Hundertertafel sind gerade?

2,

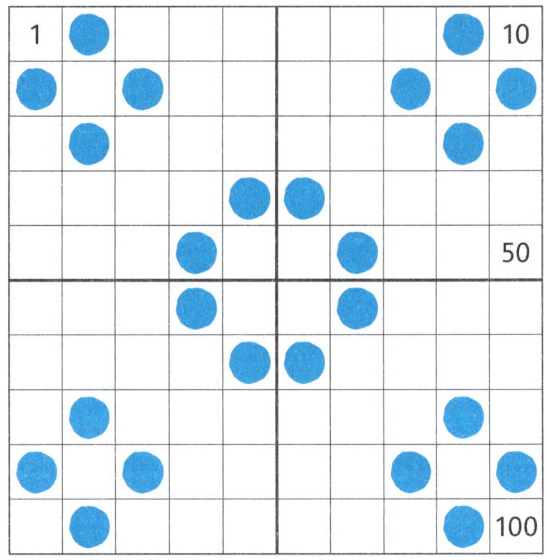

Welche der verdeckten Zahlen sind ungerade?

9,

2 Verdopple.

2 · 5 = 10
4 · 5 = ___

2 · 10 = ___
___ · 10 = ___

3 · 5 = ___
___ · 5 = ___

3 · 2 = ___
___ · 2 = ___

4 · 5 = ___
___ · 5 = ___

4 · 10 = ___
___ · 10 = ___

5 · 8 = ___
___ · 8 = ___

5 · 6 = ___
___ · 6 = ___

3 Halbiere.

2 · 5 = 10
1 · 5 = ___

2 · 10 = ___
___ · 10 = ___

8 · 5 = ___
___ · 5 = ___

8 · 2 = ___
___ · 2 = ___

6 · 5 = ___
___ · 5 = ___

6 · 10 = ___
___ · 10 = ___

10 · 7 = ___
___ · 7 = ___

10 · 9 = ___
___ · 9 = ___

4

Meine Zahl ist die Hälfte von 18. Wie heißt meine Zahl? ___

Meine Zahl ist die Hälfte des Ergebnisses von 8 · 5. ___

Wenn ich meine Zahl mit 4 malnehme, dann erhalte ich das Doppelte von 6. ___

Meine Zahl ist das Doppelte des Ergebnisses von 3 · 5. ___

Meine Zahl ist das Doppelte von der Hälfte von 24. ___

Meine Zahlen sind größer als 9 und kleiner als 21. Ich kann sie 2-mal halbieren. ___

1 a)

0 · 0 = 0	4 · 4 = ____	7 · 7 = ____	9 · 9 = ____
1 · 1 = ____	3 · 3 = ____	6 · 6 = ____	10 · 10 = ____
2 · 2 = ____	5 · 5 = ____	8 · 8 = ____	11 · 11 = ____

b)

2 · ____ = 4	7 · ____ = 49	6 · ____ = 36	8 · ____ = 64
5 · ____ = 25	4 · ____ = 16	10 · ____ = 100	0 · ____ = 0
3 · ____ = 9	1 · ____ = 1	9 · ____ = 81	12 · ____ = 144

c) Trage die Ergebnisse der Quadratzahl-Aufgaben in deine 1 · 1 Tafel auf Seite 71 ein.

2 Umrande die Quadratzahlen im Punktefeld. Notiere die Aufgaben.

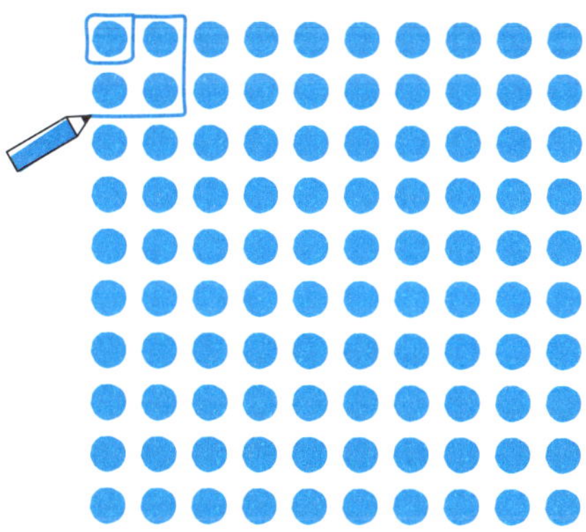

1 = 1 · 1

4 = 2 · 2

3 a)

4 : 2 = ____	1 : 1 = ____
16 : 4 = ____	49 : 7 = ____
25 : 5 = ____	81 : 9 = ____
9 : 3 = ____	100 : 10 = ____
36 : 6 = ____	64 : 8 = ____

b)

____ : 5 = 5	____ : 1 = 1
____ : 2 = 2	____ : 8 = 8
____ : 6 = 6	____ : 10 = 10
____ : 3 = 3	____ : 7 = 7
____ : 4 = 4	____ : 9 = 9

4

Textaufgaben hinterfragen

1 In jeder Zeile kann man 2 Aufgaben lösen.
Kreuze sie an und löse.

a)

○ In der Limonadenkiste sind 20 Flaschen.
9 Flaschen sind schon leer.
Wie viele Flaschen sind noch voll?

○ In die Klasse von Herrn Schell gehen 24 Kinder. Es sind 15 Jungen und 9 Mädchen.
Wie alt ist Herr Schell?

○ Lisa hat in ihrem Geldbeutel 4 Münzen. Zusammen sind es 6 Euro.
Welche Münzen hat Lisa im Geldbeutel?

b)

○ Lisann liest gern.
Sie kauft im Buchladen ein Märchenbuch für 8 Euro und 2 Pferdebücher.
Wie viel Rückgeld bekommt Lisann an der Kasse?

○ Sebastian ist zusammen mit seinem Zwillingsbruder 18 Jahre alt. Seine Schwester Lara ist 2 Jahre jünger als er.
Wie alt ist Lara?

○ Frau Klein kann doppelt so weit springen wie ihre Tochter Eva. Eva springt 1 m 40 cm weit.
Wie weit kann Frau Klein springen?

c)

○ Mia hat 3 Brüder.
Jeder Bruder hat genau eine Schwester.
Wie viel Schwestern hat Mia?

○ Bauer Schmitt hat einige Hühner und einige Schweine. Zusammen haben die Tiere 5 Köpfe und 14 Beine.
Wie viele Hühner und wie viele Schweine hat er?

○ Jonas ist 6 cm größer als sein Bruder Ben. Ben ist 14 cm kleiner als seine Schwester Alina.
Wie groß sind die Geschwister?

SB 76

1 Schau auf einen aktuellen Kalender. Welche Wochentage sind es?

Juni 6. ________	Februar 24. ________	Oktober 11. ________	Januar 30. ________
Juni ________ ________ Sommeranfang	November ________ ________ Allerheiligen	Dezember ________ ________ Winteranfang	Januar ________ ________ Neujahr

2

19. Juni	31. Januar	1. September	26. Dezember
19.6.			

8.4.	6.5.	14.2.	21.7.

3 Löse die Monatsrätsel.

Mit mir fängt das Jahr an. ________	Ich bin der letzte Monat im Jahr. ________	Ich folge zwei Monate nach dem April. ________	
Mein Name fängt mit O an. ________	Mein Name endet mit -li. ________	Ich bin der kürzeste Monat. ________	Nach mir folgen noch 4 Monate. ________

1 Welches Zeichen steht für welche Zahl?

2

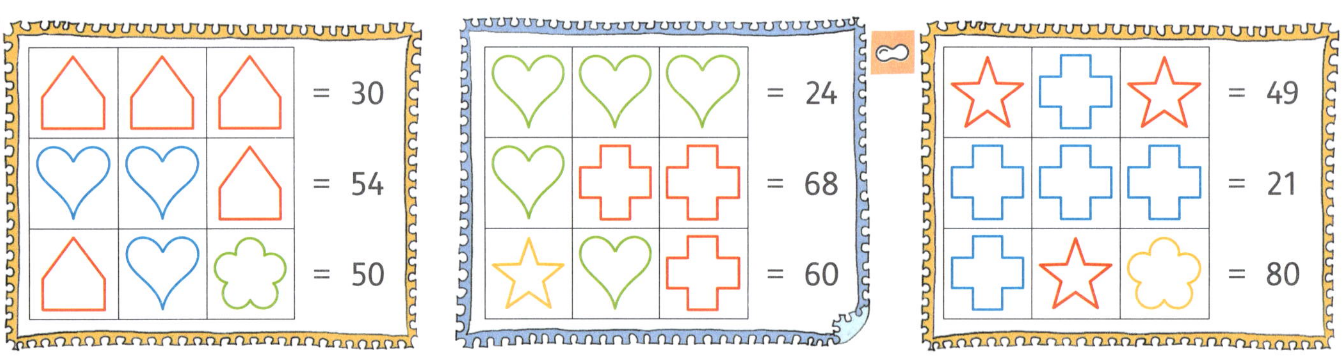

3

1 Gleiches Symbol bedeutet gleiche Zahl. Lösungen finden und direkt in die Symbole eintragen.
2–3 Gleiches Symbol bedeutet gleiche Zahl wie bei Nr. 1, dabei geben die Zahlen hier die jeweilige Reihensummen an.

SB 78 **KV** 69–70

1 5 Kinder schwimmen um die Wette.
Wer schwimmt auf welcher Bahn?

1. Bjarne möchte neben Daniel starten.
2. Daniel schwimmt auf der Bahn mit der höchsten Zahl.
3. Jettes Bahn hat eine gerade Zahl.
4. Ole schwimmt nicht neben Bjarne.

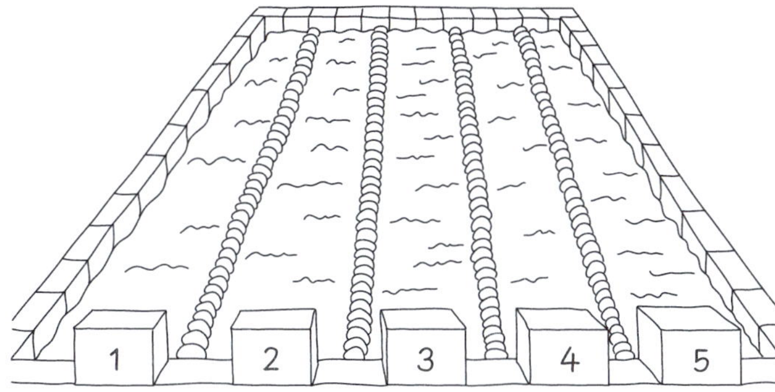

Bjarne
Bahn Nr. _____

Ole
Bahn Nr. _____

Tabea
Bahn Nr. _____

Jette
Bahn Nr. _____

Daniel
Bahn Nr. _____

2 Jedes Kind hat ein Haustier. Wer hat welches Haustier?

1. Oles Haustier hat vier Beine.
2. Keines der Mädchen hat Fische.
3. Anton liebt seinen Hund sehr.
4. Nur Sveas Haustier kann fliegen.
5. Inas Haustier miaut nicht.

Svea: ____________________
Anton: ____________________
Ina: ____________________
Ben: ____________________
Ole: ____________________

wahr + falsch −

Svea					
Anton					
Ina					
Ben					
Ole					

3 Ordne die Angaben den Pferden zu.

1. Vinnie ist fünf Jahre alt.
2. Lady steht nicht neben Vinnie.
3. Bonnie ist dreimal so alt wie Vinnie.
4. Das weiße Pferd steht ganz links.
5. Vinnie steht ganz rechts im Stall.
6. Der braune Bonnie steht neben dem schwarzen Pferd.
7. Das weiße Pferd ist drei Jahre jünger als das braune.

Name: _________
Alter: _________
Farbe: _________

Name: _________
Alter: _________
Farbe: _________

Name: _________
Alter: _________
Farbe: _________

1

a)
4 · 2 = ____
7 · 2 = ____
10 · 2 = ____
5 · 2 = ____
0 · 2 = ____

b)
6 : 2 = ____
12 : 2 = ____
18 : 2 = ____
2 : 2 = ____
16 : 2 = ____

c)
3 · 5 = ____
5 · 5 = ____
9 · 5 = ____
6 · 5 = ____
1 · 5 = ____

d)
10 : 5 = ____
35 : 5 = ____
20 : 5 = ____
0 : 5 = ____
40 : 5 = ____

2

3

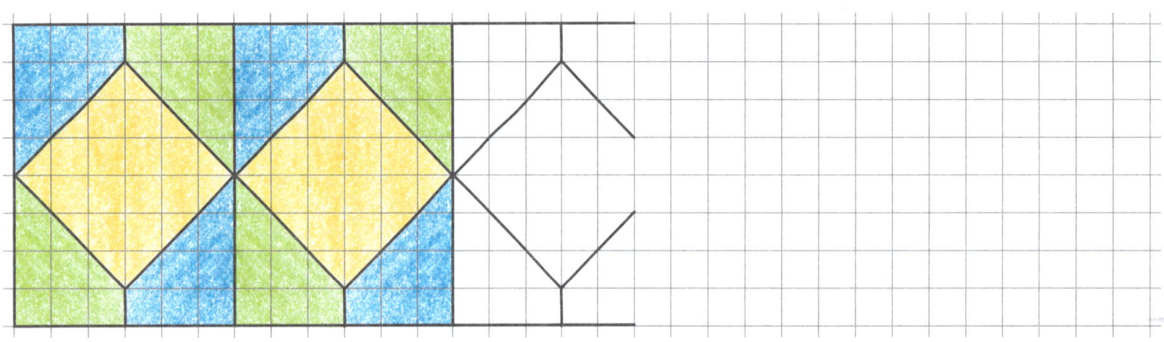

4

a)
43 + 25 = ____
54 + 13 = ____
12 + 57 = ____
55 + 11 = ____
64 66 67 68 69

b)
61 + 32 = ____
45 + 53 = ____
17 + 80 = ____
26 + 73 = ____
93 95 97 98 99

c)
76 − 35 = ____
98 − 64 = ____
89 − 59 = ____
67 − 36 = ____
30 31 34 38 41

d)
49 − 28 = ____
75 − 51 = ____
96 − 74 = ____
88 − 63 = ____
21 22 24 25 28

5

7 → 11 → 15 → 19 → ☐ → ☐ → ☐ → ☐ → ☐

79 → 72 → 65 → 58 → ☐ → ☐ → ☐ → ☐ → ☐

25 → 34 → 43 → 52 → ☐ → ☐ → ☐ → ☐ → ☐

SB 80–81 **KV** 44, 60–61, 110–112

1 Male spiegelgleich an.

2 Male das Spiegelbild an.

3 Was fehlt im Spiegelbild? Ergänze.

Es sind 10 Fehler.

Geobrett-Figuren spiegeln

1 Zeichne das Spiegelbild.

a) 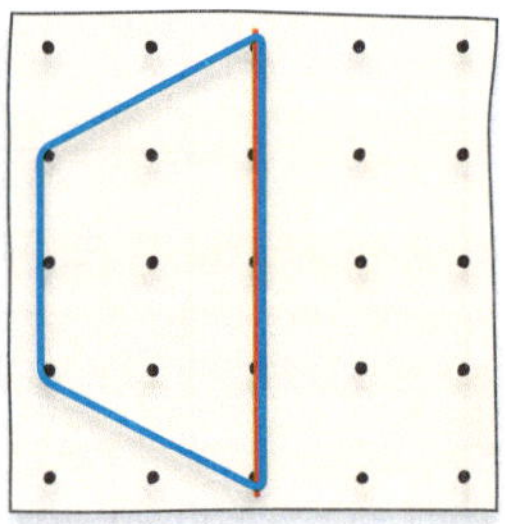
b) 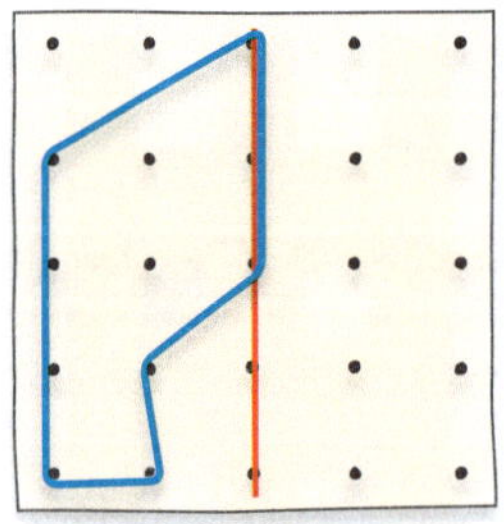
c) 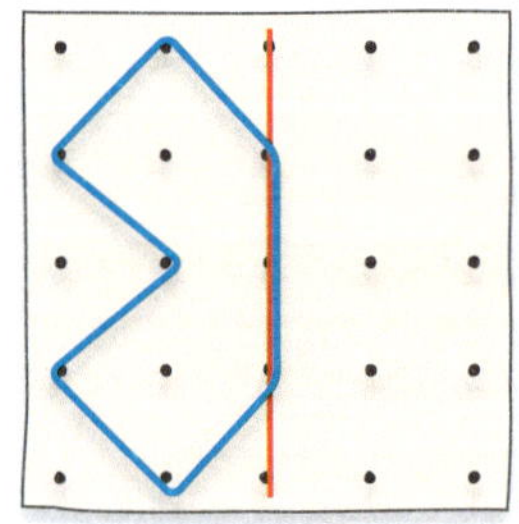
d) 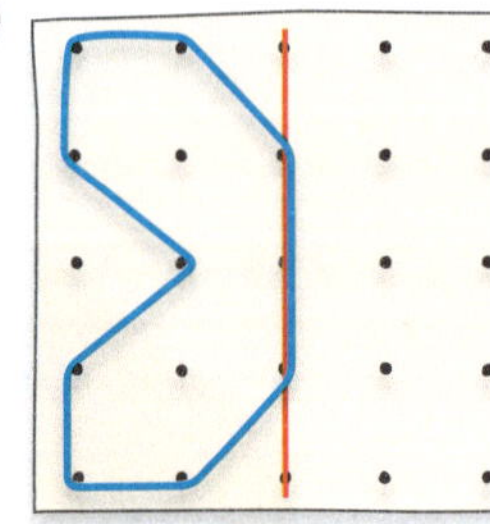

e) 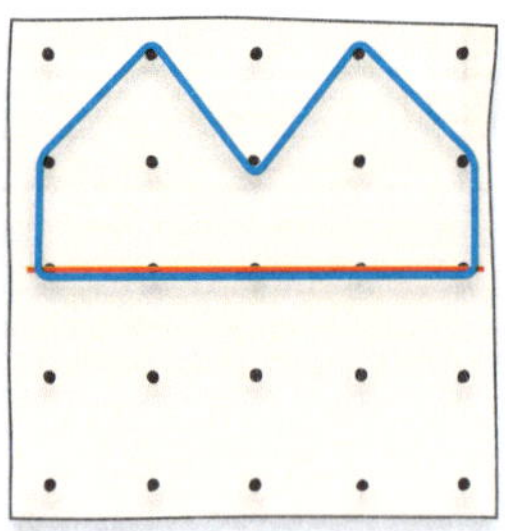
f) 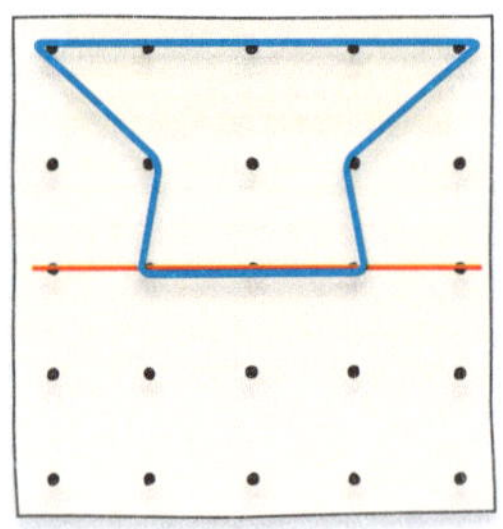
g) 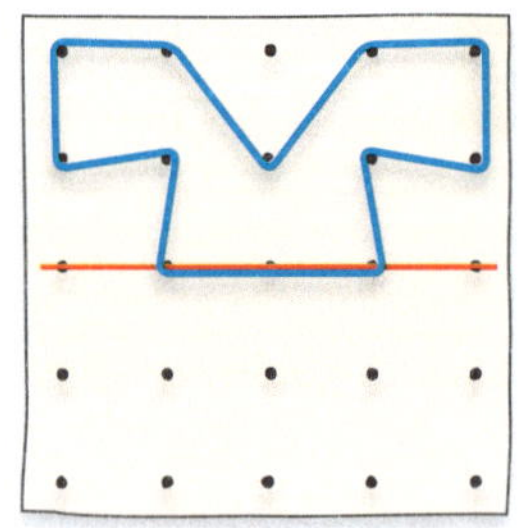
h) 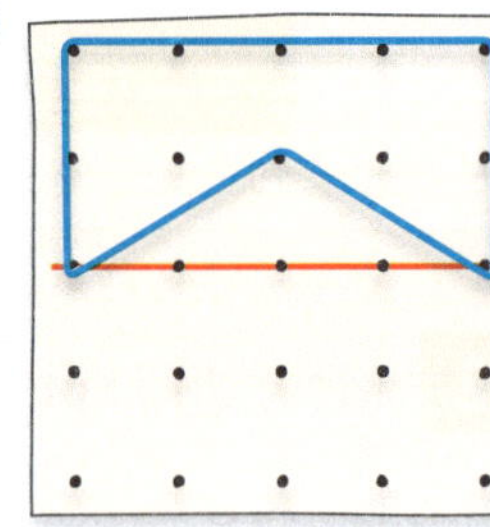

i) 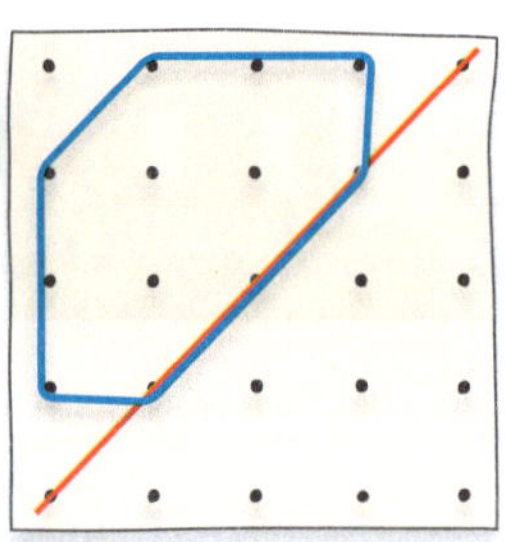
j) 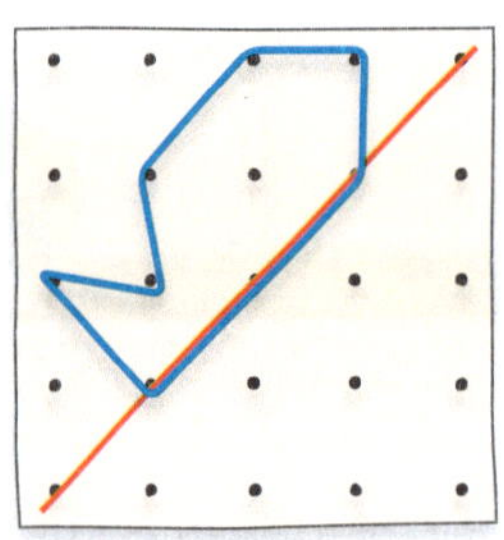
k) 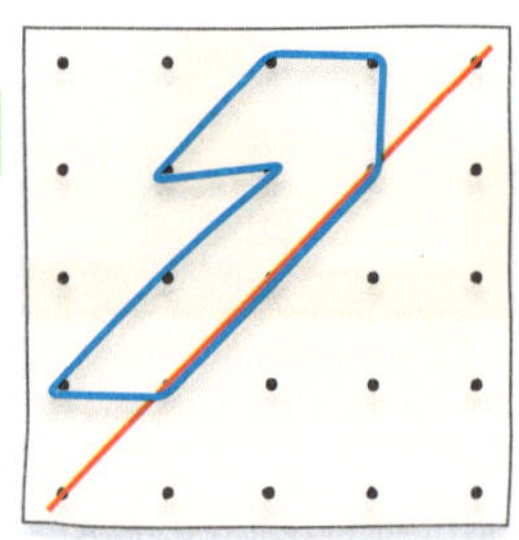
l) 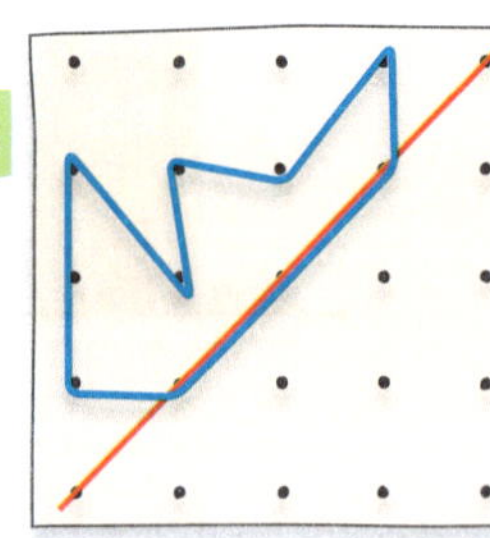

2 Erfinde eigene Figuren und spiegle sie an der Spiegelachse.

a) 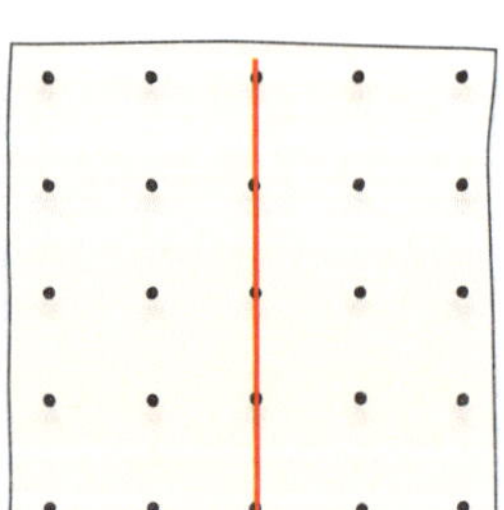
b) 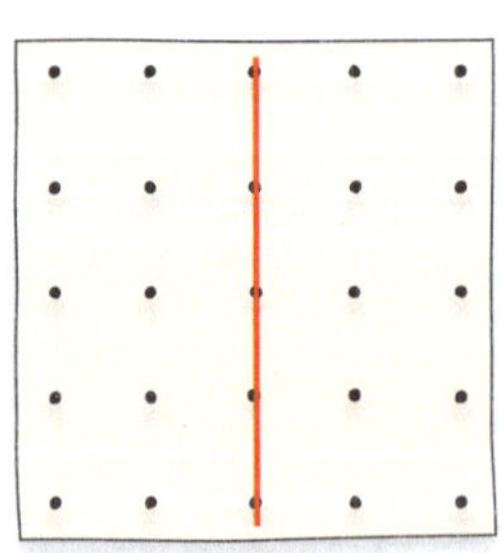
c) 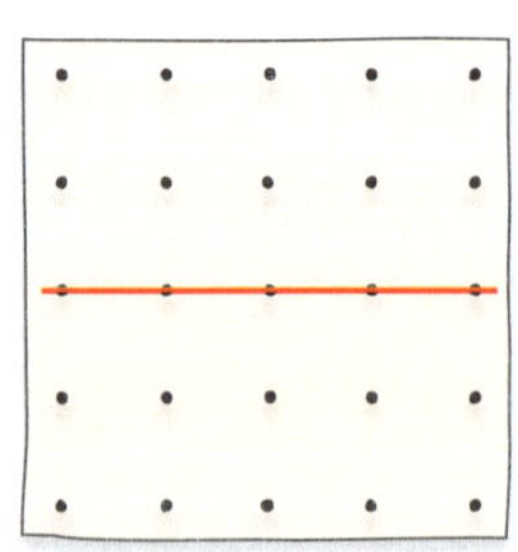
d) 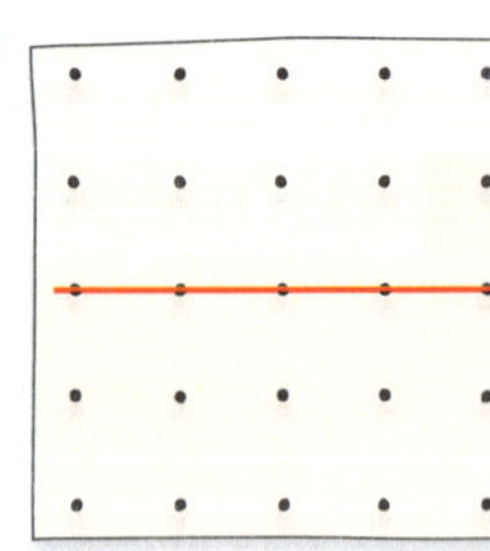

e) 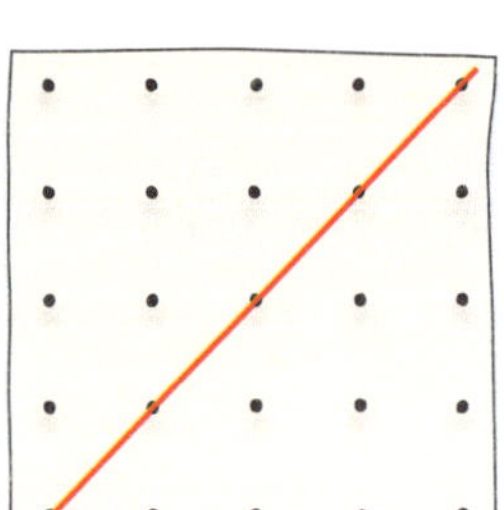

f) 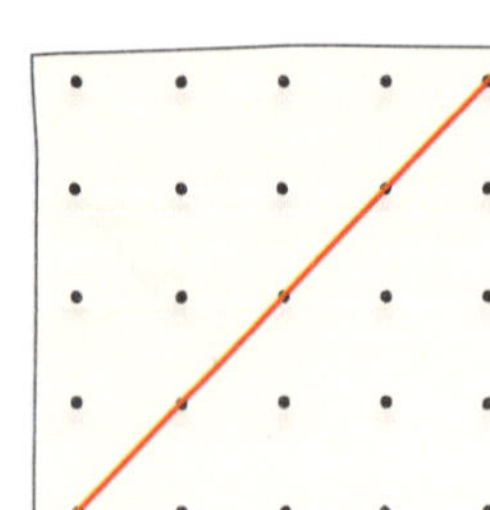

1

Wie viele Augen haben 2 Raben? 2 · 2	Wie viele Finger haben 8 Hände? ____	Wie viele Ohren haben 3 Lehrer? ____
Wie viele Arme haben 7 Schwestern? ____	Wie viele Zehen haben 4 Füße? ____	Wie viele Füße haben 9 Kinder? ____
Wie viele Finger haben 6 Brüder? ____	Wie viele Daumen haben 5 Tanten? ____	Wie viele Zehen haben 9 Onkel? ____

2 Rechne die Kernaufgaben.

a)	b)	c)	d)
2 · 3 = ____	5 · 4 = ____	1 · 6 = ____	10 · 2 = ____
10 · 3 = ____	2 · 4 = ____	2 · 6 = ____	5 · 2 = ____
5 · 3 = ____	1 · 4 = ____	10 · 6 = ____	2 · 2 = ____
1 · 3 = ____	10 · 4 = ____	5 · 6 = ____	1 · 2 = ____

e)	f)	g)	h)
2 · 5 = ____	10 · 8 = ____	5 · 9 = ____	1 · 7 = ____
5 · 5 = ____	1 · 8 = ____	1 · 9 = ____	10 · 7 = ____
10 · 5 = ____	5 · 8 = ____	2 · 9 = ____	2 · 7 = ____
1 · 5 = ____	2 · 8 = ____	10 · 9 = ____	5 · 7 = ____

3 Löse immer zuerst die Kernaufgabe.

2 · 4 = ____	2 · 9 = ____	5 · 7 = ____	5 · 9 = ____
3 · 4 = ____	3 · 9 = ____	6 · 7 = ____	6 · 9 = ____
10 · 6 = ____	10 · 7 = ____	5 · 8 = ____	5 · 7 = ____
9 · 6 = ____	9 · 7 = ____	4 · 8 = ____	4 · 7 = ____

4 Setze aus Kernaufgaben zusammen.

a)	2 · 7 = 14	2 · 8 = ____	5 · 3 = ____	5 · 6 = ____
	1 · 7 = 7	1 · 8 = ____	1 · 3 = ____	2 · 6 = ____
	3 · 7 = ____	3 · 8 = ____	6 · 3 = ____	7 · 6 = ____
b)	5 · 7 = ____	5 · 8 = ____	10 · 3 = ____	10 · 6 = ____
	1 · 7 = ____	1 · 8 = ____	1 · 3 = ____	2 · 6 = ____
	4 · 7 = ____	4 · 8 = ____	9 · 3 = ____	8 · 6 = ____

Einmaleins mit 4

1 a) Rechne.

2 · 4 = 8	5 · 4 = ___	3 · 4 = ___	9 · 4 = ___
1 · 4 = ___	0 · 4 = ___	8 · 4 = ___	7 · 4 = ___
10 · 4 = ___	4 · 4 = ___	6 · 4 = ___	∞ 12 · 4 = ___

b) Verbinde.

0 · 4	1 · 4	2 · 4	3 · 4	4 · 4	5 · 4	6 · 4	7 · 4	8 · 4	9 · 4	10 · 4

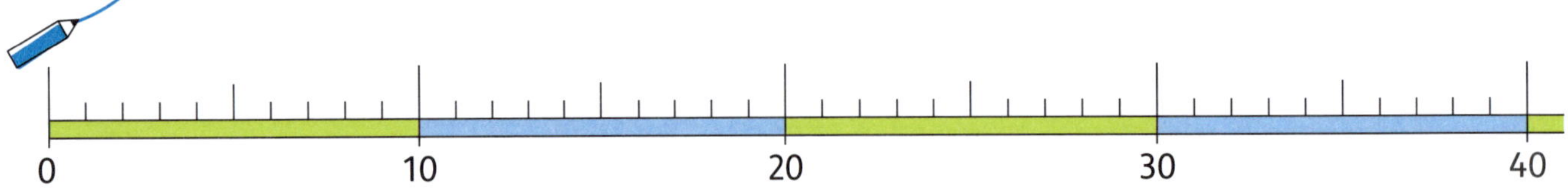

c) Trage die Ergebnisse des Einmaleins mit 4 in deine 1 · 1 Tafel auf der Seite 71 ein.

2 a)

8 : 4 = ___	24 : 4 = ___
20 : 4 = ___	12 : 4 = ___
4 : 4 = ___	36 : 4 = ___
40 : 4 = ___	28 : 4 = ___
16 : 4 = ___	32 : 4 = ___

b)

___ : 4 = 1	___ : 4 = 10
___ : 4 = 2	___ : 4 = 3
___ : 4 = 5	___ : 4 = 6
___ : 4 = 4	___ : 4 = 9
___ : 4 = 8	___ : 4 = 7

3 Finde Rechenfehler und korrigiere sie.

a)		b)		c)	
9 · 2 = 18	✓	12 : 2 = 6		8 : 4 = 2	
0 · 5 = ~~5~~	0	45 : 5 = 9		20 : 5 = 3	
10 · 4 = 40		32 : 4 = 7		2 : 1 = 1	
8 · 1 = 8		0 : 3 = 3		81 : 9 = 9	
6 · 4 = 28		60 : 6 = 10		49 : 7 = 6	

4 Verbinde die Ergebnisse der Reihe nach auf der Maluhr.

0 · 4 = 0	6 · 4 = ___
1 · 4 = 4	7 · 4 = ___
2 · 4 = ___	8 · 4 = ___
3 · 4 = ___	9 · 4 = ___
4 · 4 = ___	10 · 4 = ___
5 · 4 = ___	

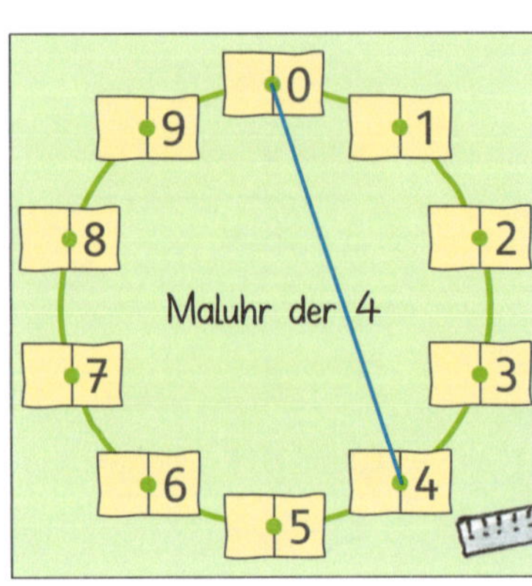

4 Bei zweistelligem Ergebnis wird nur die Einerstelle in der Maluhr verbunden.

SB 89 213, 229–230

1 a) Rechne.

2 · 8 = ___ 5 · 8 = ___ 3 · 8 = ___ 9 · 8 = ___

1 · 8 = ___ 0 · 8 = ___ 8 · 8 = ___ 7 · 8 = ___

10 · 8 = ___ 4 · 8 = ___ 6 · 8 = ___ 11 · 8 = ___

b) Verbinde.

0 · 8 | 1 · 8 | 2 · 8 | 3 · 8 | 4 · 8 | 5 · 8 | 6 · 8 | 7 · 8 | 8 · 8 | 9 · 8 | 10 · 8

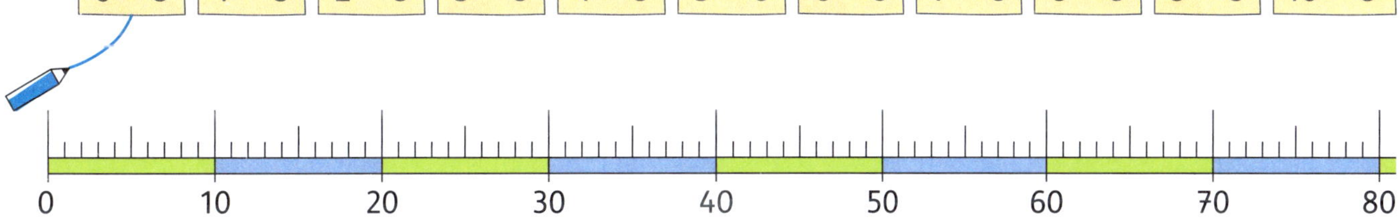

c) Trage die Ergebnisse des Einmaleins mit 8 in deine 1 · 1 Tafel auf der Seite 71 ein.

2 a)

16 : 8 = ___ 24 : 8 = ___

40 : 8 = ___ 48 : 8 = ___

8 : 8 = ___ 72 : 8 = ___

80 : 8 = ___ 32 : 8 = ___

64 : 8 = ___ 56 : 8 = ___

b)

___ : 8 = 1 ___ : 8 = 10

___ : 8 = 2 ___ : 8 = 4

___ : 8 = 5 ___ : 8 = 6

___ : 8 = 8 ___ : 8 = 9

___ : 8 = 3 ___ : 8 = 7

3 Schreibe Aufgabenfamilien.

24, 8, 3:
8 · 3 = ___
3 · ___ = ___
___ : ___ = ___
___ : ___ = ___

72, 9, 8:
___ · ___ = ___
___ · ___ = ___
___ : ___ = ___
___ : ___ = ___

80, 10, ___:
___ · ___ = ___
___ · ___ = ___
___ : ___ = ___
___ : ___ = ___

16, ___, 2:
___ · ___ = ___
___ · ___ = ___
___ : ___ = ___
___ : ___ = ___

4 Verbinde die Ergebnisse der Reihe nach auf der Maluhr.

0 · 8 = 0 6 · 8 = ___

1 · 8 = 8 7 · 8 = ___

2 · 8 = ___ 8 · 8 = ___

3 · 8 = ___ 9 · 8 = ___

4 · 8 = ___ 10 · 8 = ___

5 · 8 = ___

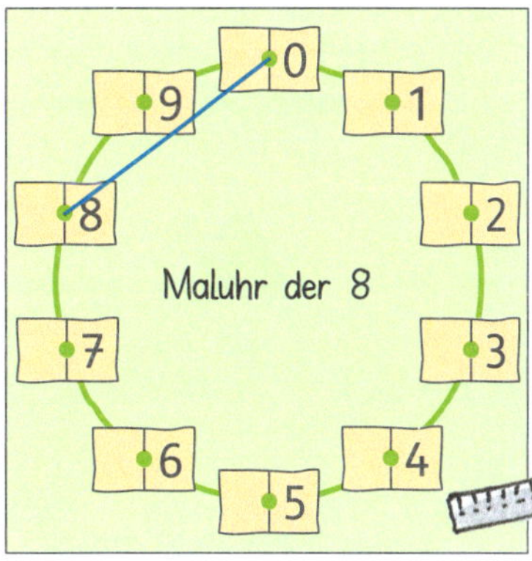

4 Bei zweistelligem Ergebnis wird nur die Einerstelle in der Maluhr verbunden.

Malpyramiden

1

4		
2	2	2

2	4	2

2	5	2

4	1	3

5	2	4

1	9	0

7	1	8

2

5	10	
	5	

10	2	
	2	

10	10	
	10	

4	8	
	2	

	80	
8		
		5

	64	
8		
		4

	24	
	4	
3		

	1	
	1	
1		

3 Löse durch Probieren.

	48	
4		3

	24	
8		3

	54	
3		2

	49	
1		1

	60	
	2	

	48	
	2	

	81	
	3	

1 a) Rechne.

2 · 3 = ____ 5 · 3 = ____ 3 · 3 = ____ 9 · 3 = ____

1 · 3 = ____ 0 · 3 = ____ 8 · 3 = ____ 7 · 3 = ____

10 · 3 = ____ 4 · 3 = ____ 6 · 3 = ____ 12 · 3 = ____

b) Verbinde.

| 0 · 3 | 1 · 3 | 2 · 3 | 3 · 3 | 4 · 3 | 5 · 3 | 6 · 3 | 7 · 3 | 8 · 3 | 9 · 3 | 10 · 3 |

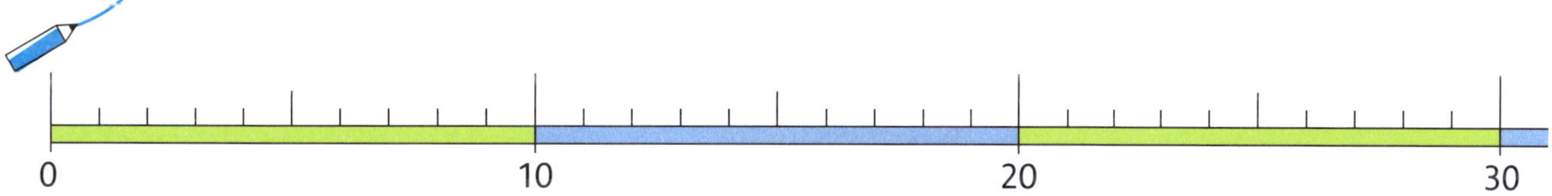

c) Trage die Ergebnisse des Einmaleins mit 3 in deine 1 · 1 Tafel auf der Seite 71 ein.

2 a)

6 : 3 = ____ 12 : 3 = ____

15 : 3 = ____ 18 : 3 = ____

3 : 3 = ____ 27 : 3 = ____

30 : 3 = ____ 21 : 3 = ____

9 : 3 = ____ 24 : 3 = ____

b)

____ : 3 = 1 ____ : 3 = 10

____ : 3 = 2 ____ : 3 = 9

____ : 3 = 5 ____ : 3 = 6

____ : 3 = 3 ____ : 3 = 8

____ : 3 = 4 ____ : 3 = 7

3

Meine Zahl gehört zur 3er–, 4er– und 8er–Reihe. ____

Meine Zahlen haben 8 Einer und gehören zur 4er–Reihe. ____

Meine Zahl hat einen Zehner und gehört zur 3er– und zur 4er–Reihe. ____

Meine Zahl ist kleiner als 70. Ich kann sie 2–mal durch 8 teilen. ____

Meine Zahlen sind kleiner als 30. Ich kann sie 2–mal durch 3 teilen. ____

Meine Zahlen liegen zwischen 20 und 50. Ich kann sie zuerst halbieren und dann durch 3 teilen. ____

4 Verbinde die Ergebnisse der Reihe nach auf der Maluhr.

0 · 3 = ____ 6 · 3 = ____

1 · 3 = ____ 7 · 3 = ____

2 · 3 = ____ 8 · 3 = ____

3 · 3 = ____ 9 · 3 = ____

4 · 3 = ____ 10 · 3 = ____

5 · 3 = ____

Einmaleins mit 6

1 a) Rechne.

2 · 6 = ____	5 · 6 = ____	4 · 6 = ____	9 · 6 = ____
1 · 6 = ____	0 · 6 = ____	7 · 6 = ____	8 · 6 = ____
10 · 6 = ____	6 · 6 = ____	3 · 6 = ____	∞ 11 · 6 = ____

b) Verbinde.

0 · 6 | 1 · 6 | 2 · 6 | 3 · 6 | 4 · 6 | 5 · 6 | 6 · 6 | 7 · 6 | 8 · 6 | 9 · 6 | 10 · 6

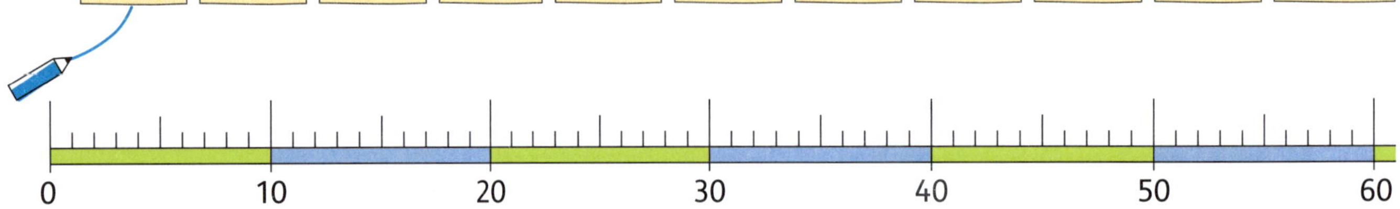

c) Trage die Ergebnisse des Einmaleins mit 6 in deine 1 · 1 Tafel auf Seite 71 ein.

2 a)

12 : 6 = ____	18 : 6 = ____
30 : 6 = ____	42 : 6 = ____
6 : 6 = ____	24 : 6 = ____
60 : 6 = ____	54 : 6 = ____
36 : 6 = ____	48 : 6 = ____

b)

____ : 6 = 1	____ : 6 = 4
____ : 6 = 2	____ : 6 = 10
____ : 6 = 5	____ : 6 = 8
____ : 6 = 6	____ : 6 = 7
____ : 6 = 3	____ : 6 = 9

3 Finde Rechenfehler und korrigiere sie.

a)		b)		c)	
7 · 3 = 21	✓	18 : 3 = 6		8 · 6 = 42	
4 · 8 = ~~34~~	32	50 : 5 = 10		42 : 6 = 8	
9 · 5 = 40		72 : 8 = 8		0 · 4 = 0	
10 · 6 = 60		9 : 9 = 0		64 : 8 = 8	
2 · 4 = 8		54 : 6 = 9		6 · 2 = 12	

4 Verbinde die Ergebnisse der Reihe nach auf der Maluhr.

0 · 6 = ____	6 · 6 = ____
1 · 6 = ____	7 · 6 = ____
2 · 6 = ____	8 · 6 = ____
3 · 6 = ____	9 · 6 = ____
4 · 6 = ____	10 · 6 = ____
5 · 6 = ____	

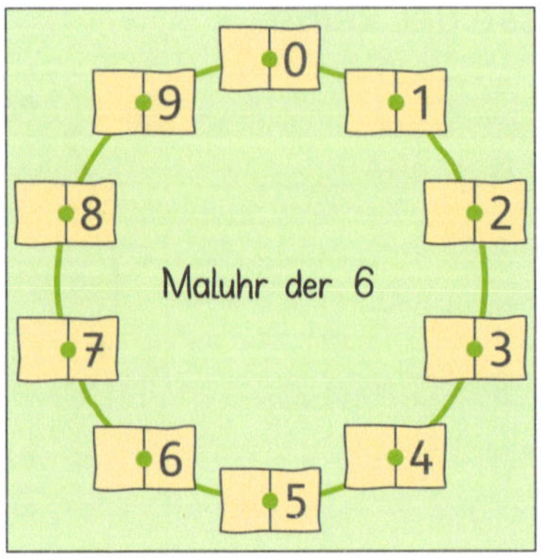

SB 93 217–218, 235–236

1 a) Rechne.

2 · 9 = ____ 5 · 9 = ____ 4 · 9 = ____ 8 · 9 = ____

1 · 9 = ____ 0 · 9 = ____ 3 · 9 = ____ 7 · 9 = ____

10 · 9 = ____ 9 · 9 = ____ 6 · 9 = ____ 11 · 9 = ____

b) Verbinde.

0 · 9 | 1 · 9 | 2 · 9 | 3 · 9 | 4 · 9 | 5 · 9 | 6 · 9 | 7 · 9 | 8 · 9 | 9 · 9 | 10 · 9

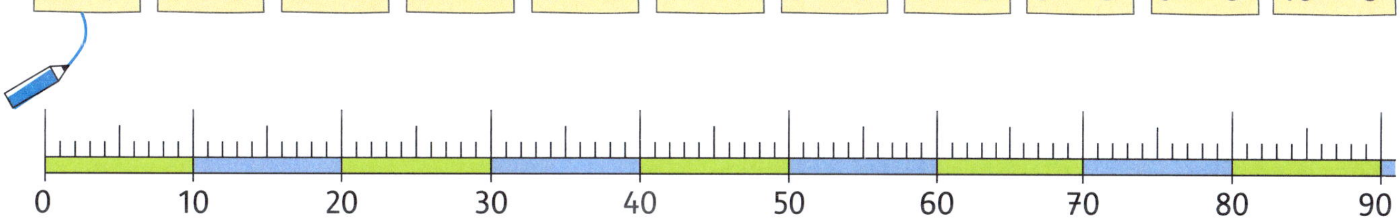

c) Trage die Ergebnisse des Einmaleins mit 9 in deine 1 · 1 Tafel auf der Seite 71 ein.

2 a)

18 : 9 = ____ 27 : 9 = ____

45 : 9 = ____ 54 : 9 = ____

9 : 9 = ____ 36 : 9 = ____

90 : 9 = ____ 72 : 9 = ____

81 : 9 = ____ 63 : 9 = ____

b)

____ : 9 = 1 ____ : 9 = 10

____ : 9 = 2 ____ : 9 = 4

____ : 9 = 5 ____ : 9 = 9

____ : 9 = 3 ____ : 9 = 7

____ : 9 = 6 ____ : 9 = 8

3

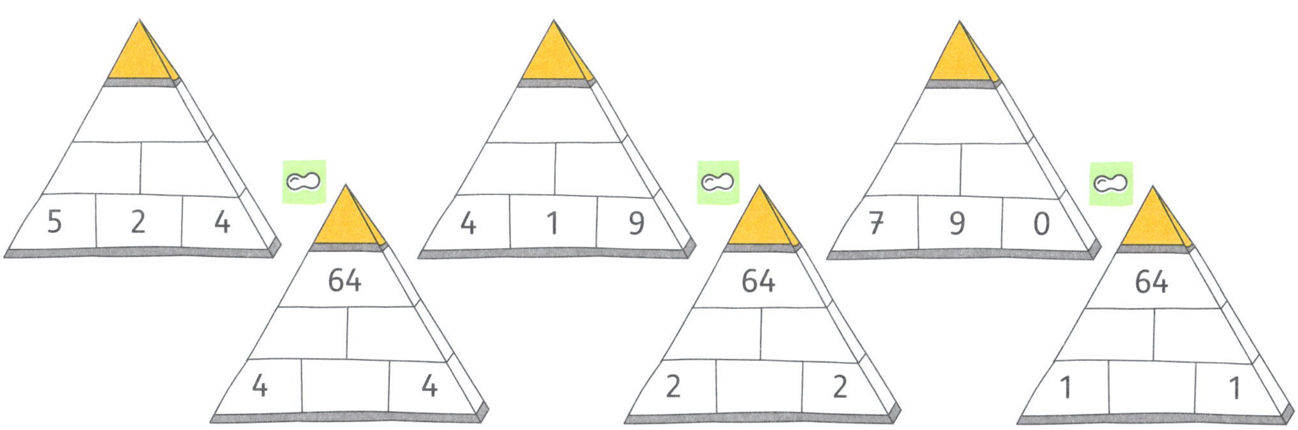

4 Verbinde die Ergebnisse der Reihe nach auf der Maluhr.

0 · 9 = ____ 6 · 9 = ____

1 · 9 = ____ 7 · 9 = ____

2 · 9 = ____ 8 · 9 = ____

3 · 9 = ____ 9 · 9 = ____

4 · 9 = ____ 10 · 9 = ____

5 · 9 = ____

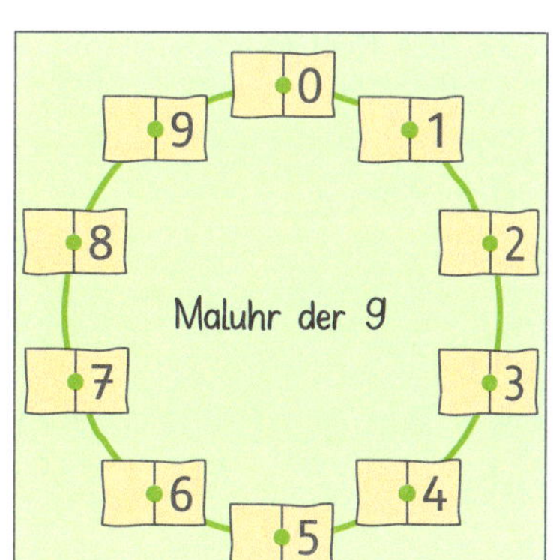

1 a) Rechne.

2 · 7 = ____ 5 · 7 = ____ 3 · 7 = ____ 4 · 7 = ____

1 · 7 = ____ 0 · 7 = ____ 8 · 7 = ____ 9 · 7 = ____

10 · 7 = ____ 7 · 7 = ____ 6 · 7 = ____ 12 · 7 = ____

b) Verbinde.

0 · 7 | 1 · 7 | 2 · 7 | 3 · 7 | 4 · 7 | 5 · 7 | 6 · 7 | 7 · 7 | 8 · 7 | 9 · 7 | 10 · 7

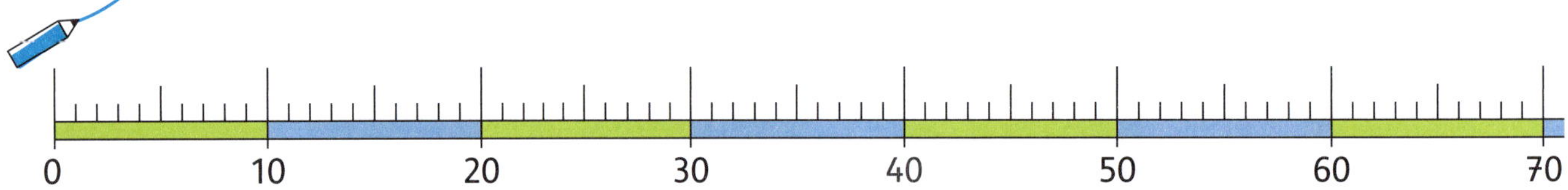

c) Trage die Ergebnisse des Einmaleins mit 7 in deine 1 · 1 Tafel auf der Seite 71 ein.

2 a)

14 : 7 = ____ 21 : 7 = ____

35 : 7 = ____ 42 : 7 = ____

7 : 7 = ____ 28 : 7 = ____

70 : 7 = ____ 63 : 7 = ____

49 : 7 = ____ 56 : 7 = ____

b)

____ : 7 = 1 ____ : 7 = 9

____ : 7 = 2 ____ : 7 = 6

____ : 7 = 5 ____ : 7 = 4

____ : 7 = 7 ____ : 7 = 10

____ : 7 = 3 ____ : 7 = 8

3 a)

·	2	4	8
5			
10			

b)

·	3	6	9
3			
6			

c)

·	1	5	7
8			
9			

d)

·		8	10
6	24		
4			

e)

·	4	8	2
8			
		16	

f)

·	9	3	
9			
7			42

4 Verbinde die Ergebnisse der Reihe nach auf der Maluhr.

0 · 7 = ____ 6 · 7 = ____

1 · 7 = ____ 7 · 7 = ____

2 · 7 = ____ 8 · 7 = ____

3 · 7 = ____ 9 · 7 = ____

4 · 7 = ____ 10 · 7 = ____

5 · 7 = ____

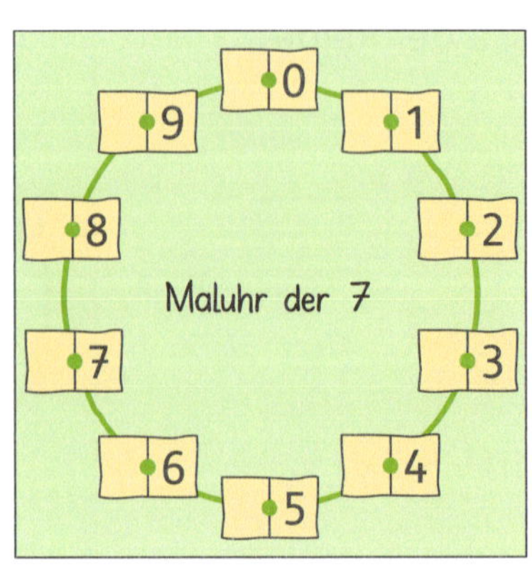

SB 95 221–222, 239–240

1 Trage die Ergebnisse aller Aufgaben der Einmaleinsreihen zunächst mit Bleistift ein. Schreibe die Ergebnisse, die du schon auswendig kannst, mit grüner Farbe nach.

·	0	1	2	3	4	5	6	7	8	9	10
0											
1											
2											
3											
4											
5											
6											
7											
8											
9											
10											

2 a) Welches Ergebnis steht am häufigsten auf deiner 1 · 1 Tafel?
Wie oft?

____

b) Schreibe alle Zahlen von 0 bis 40 auf, die auf der 1 · 1 Tafel **nicht** stehen.

11,

1 Welche Einmaleinsaufgaben gehören zu diesen Ergebnissen? Schreibe immer 4 Aufgaben.

6	12	24	40
2 · 3 = 6	___ · ___ = ___	___ · ___ = ___	___ · ___ = ___
3 · 2 = ___	___ · ___ = ___	___ · ___ = ___	___ · ___ = ___
___ · ___ = ___	___ · ___ = ___	___ · ___ = ___	___ · ___ = ___
___ · ___ = ___	___ · ___ = ___	___ · ___ = ___	___ · ___ = ___

2 Wie oft kommen die Ergebnisse auf der Einmaleinstafel vor?

·	0	1	2	3	4	5	6	7
0	0	0	0	0	0	0	0	0
1	0	1	2	3	4	5	6	7
2	0	2	4	6	8	10	12	
3	0	3	6	9	12	15		
4	0	4	8	12	16			
5	0	5	10	15				
6	0	6	12					

~~1~~	~~2~~	~~4~~	8
14	16	18	20
30	9	64	45
10	54	100	36
81	60	72	49

Wie oft?	Ergebnisse
1-mal	1,
2-mal	2,

Wie oft?	Ergebnisse
3-mal	4,
4-mal	

3

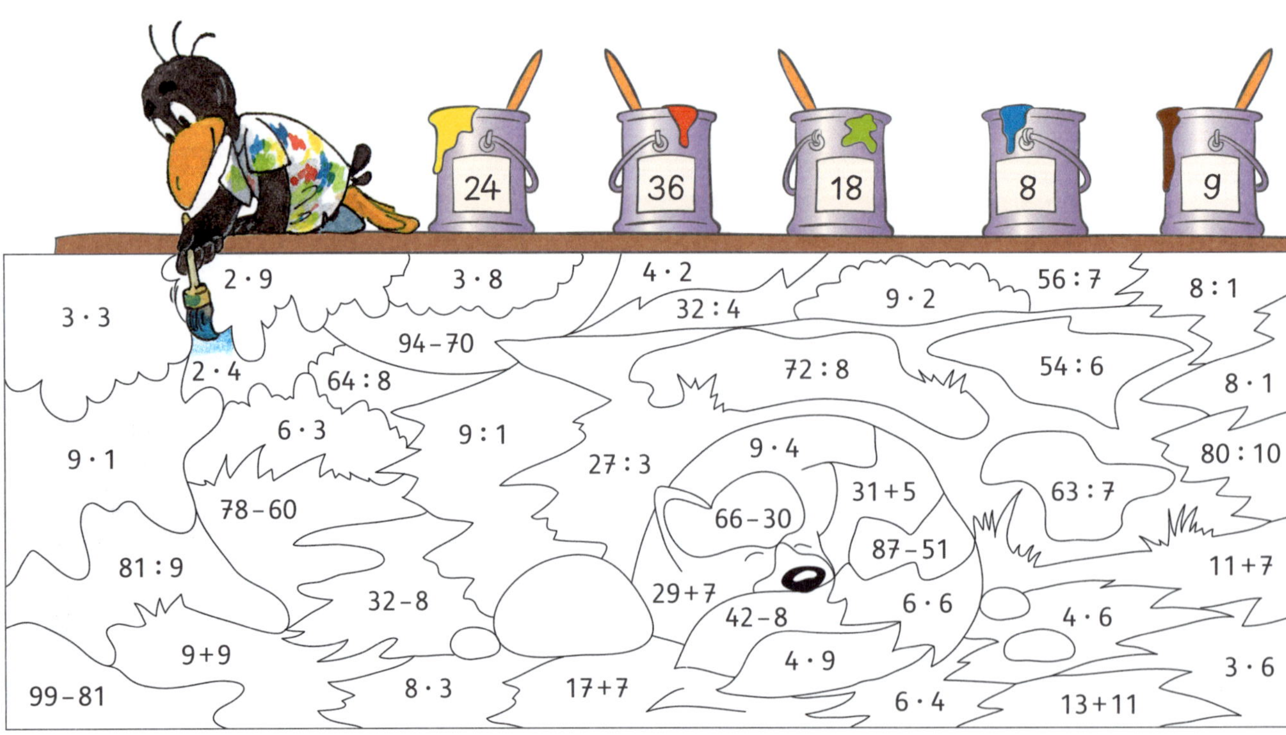

SB 97 KV 78 – 82 241 – 242

1 a) Wie viel Geld hat jedes Kind? Schreibe in Euro und Cent.

€ ct

Wer hat die meisten Münzen? ____________

Wer hat das meiste Geld? ____________

Wer hat die wenigsten Münzen? ____________

Wer hat am wenigsten Geld? ____________

b) Max will sich ein Buch für 5 € kaufen. Wie viel Geld fehlt ihm? ____________

2 Lege die Geldbeträge. Zeichne die Münzen auf.

2,38 €	3,12 €	1,04 €	4,61 €
2 € 10 ct			

3 Ordne die Geldbeträge der Größe nach. Beginne mit dem kleinsten Geldbetrag.

61 ct | 1,06 € | 66 ct | 6,10 € | ~~0,16 €~~ | 1 € 66 ct

0,16 €, ____________

4

Preisliste	
Buntstifte	4 € 99 ct
Füller	6 € 15 ct
Lineal	2 €
Radierer	1 € 18 ct
Heft	77 ct

Martin kauft einen Füller, ein Heft und ein Lineal.
Er hat 10 € mitgenommen. Wie viel Geld hat er übrig?

____

SB 99 265, 267–268,

1 Verbinde.

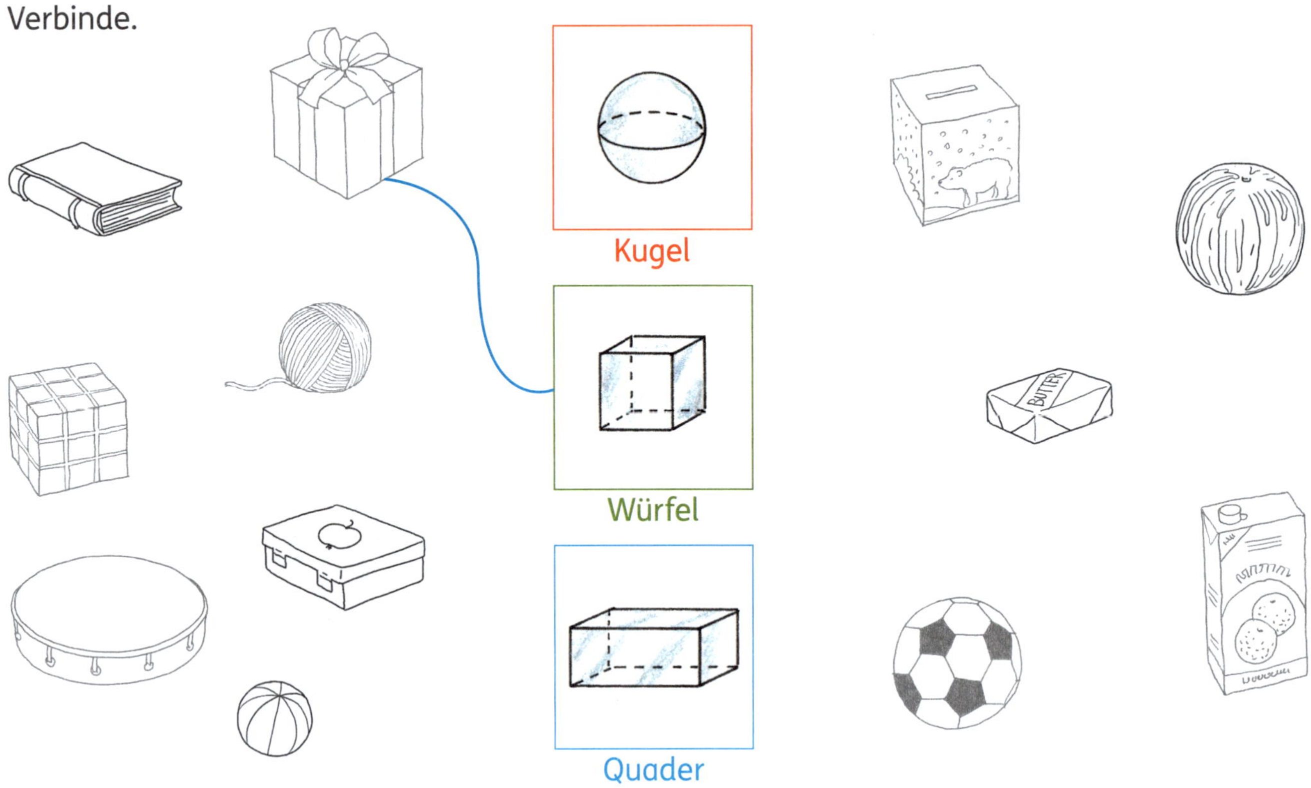

2 Welche Körper sind es? Notiere.

Der Körper kann rollen.

____

Der Körper sieht von allen Richtungen gleich aus.

____

Der Körper hat 12 Kanten.

____

Der Körper hat 6 Flächen und 8 Ecken.

____

Der Körper hat nur eine Fläche.

____

Die Flächen dieses Körpers haben die Form von Quadraten.

____

3 Trax hat Roboter gebastelt. Zähle, wie viele Würfel, Quader und Kugeln er verwendet hat.

a)

Würfel: ____

Quader: ____

Kugel: ____

b)

Würfel: ____

Quader: ____

Kugel: ____

1 Wer sieht was?

a)

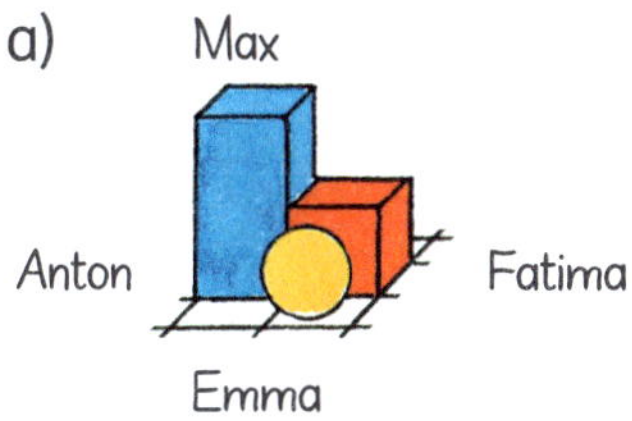

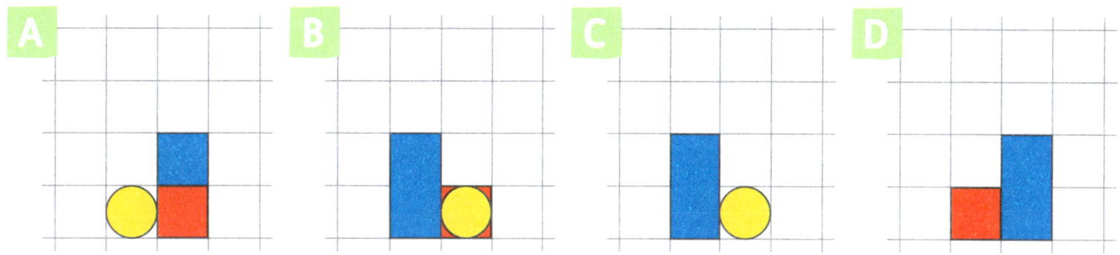

Fatima ______ ______ ______

b)

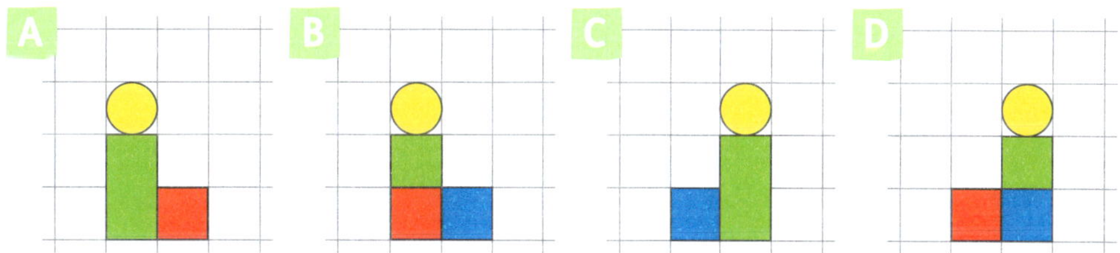

______ ______ ______ ______

2 Wer sieht was? Färbe die gezeichneten Ansichten.

a)

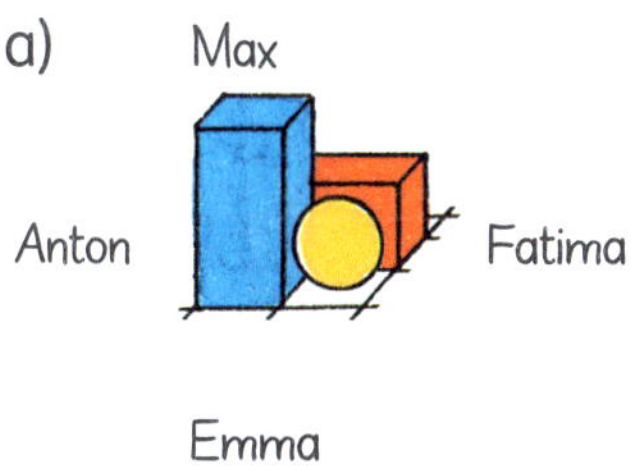

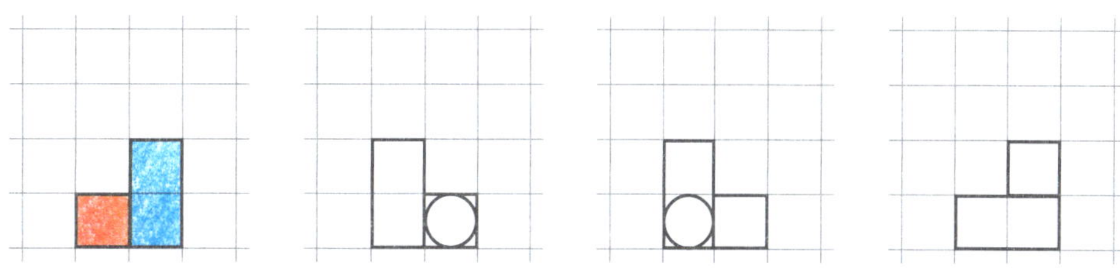

Anton Emma Fatima Max

b)

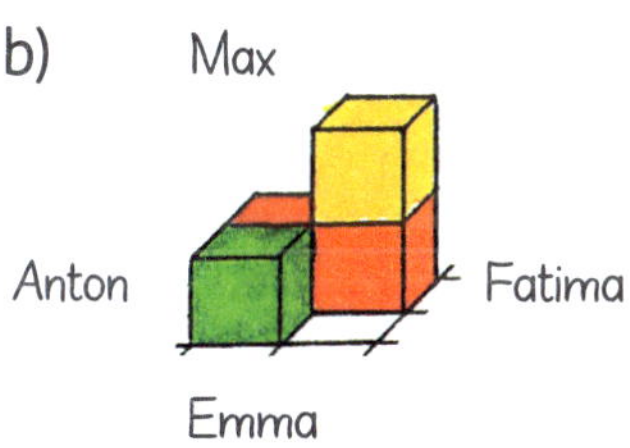

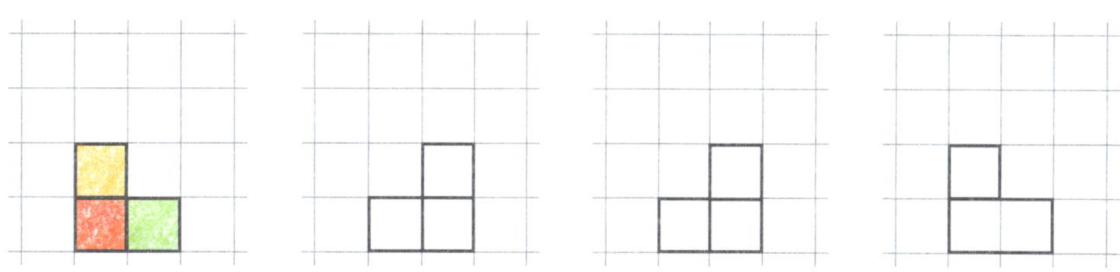

Anton Emma Fatima Max

3 Wer sieht was? Zeichne die Ansichten und färbe.

a)

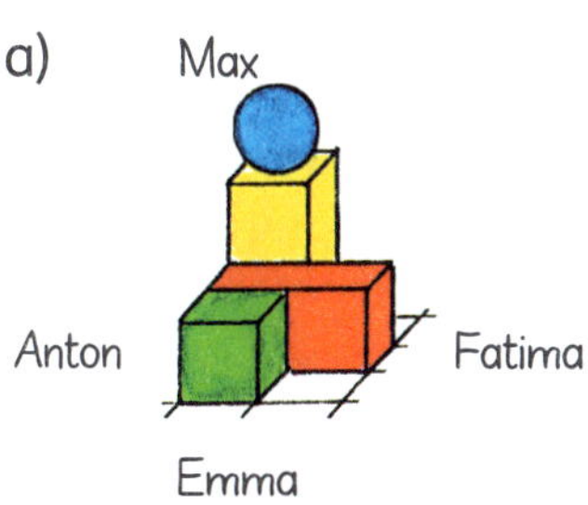

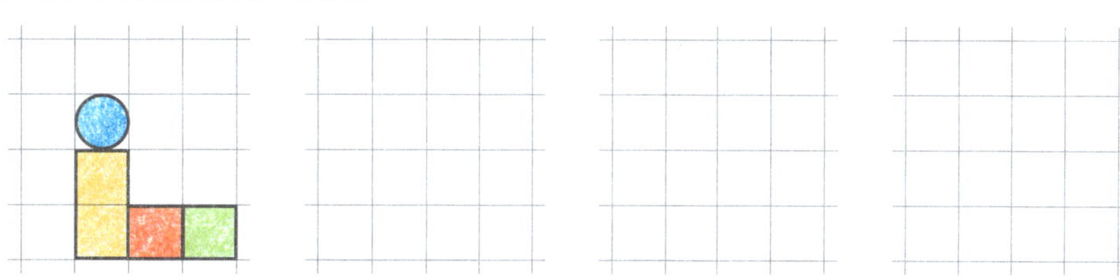

Anton Emma Fatima Max

b)

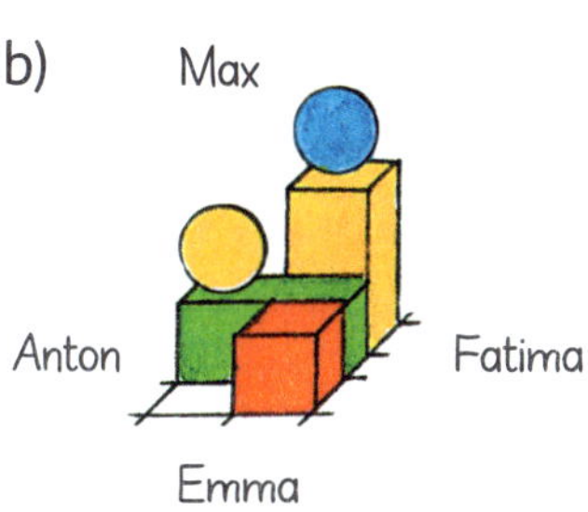

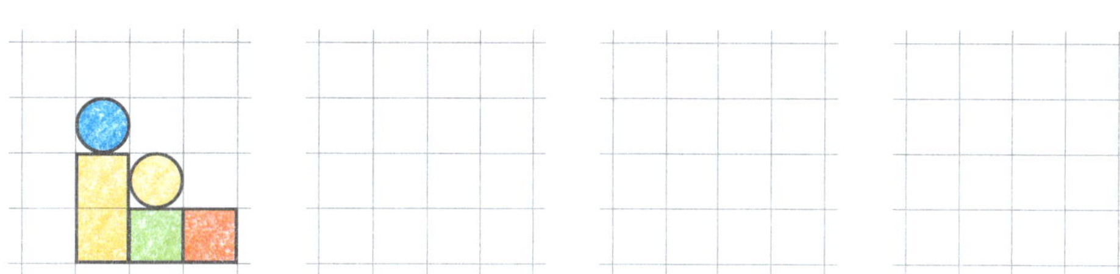

Anton Emma Fatima Max

Mit Formen jonglieren

1 Zerlege die Formen mit einer geraden Linie in die angegebenen Formen. Zeichne deine Lösung jeweils ein.

a) ein Dreieck und ein Quadrat

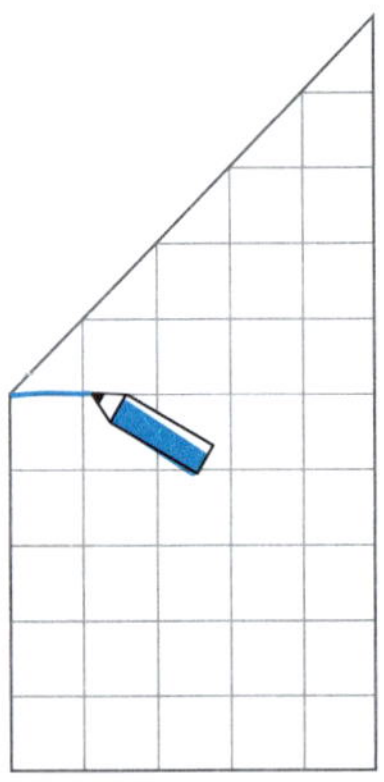

b) 2 unterschiedlich große Dreiecke

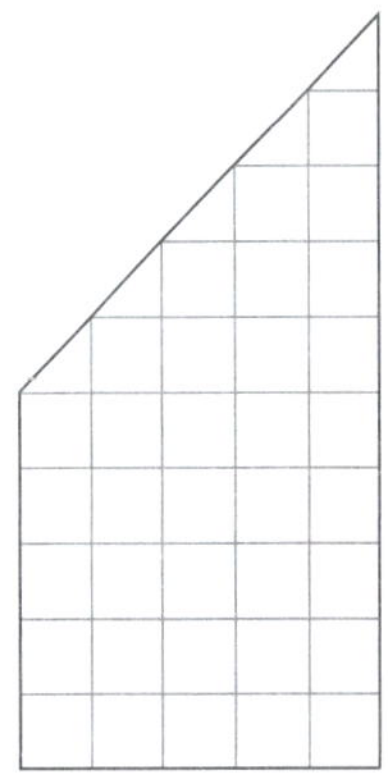

c) ein Dreieck und ein Viereck

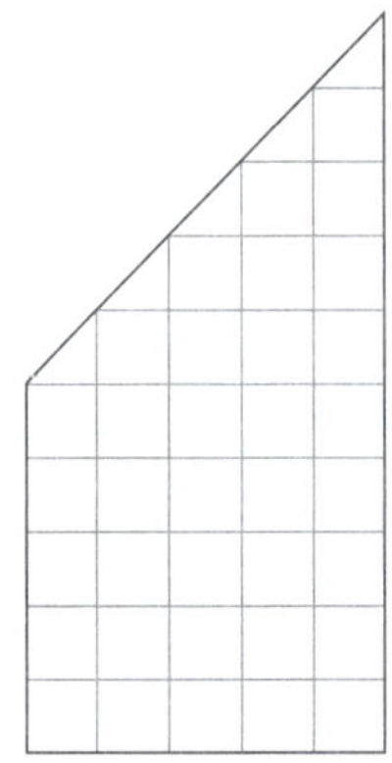

d) ein Fünfeck und ein Dreieck

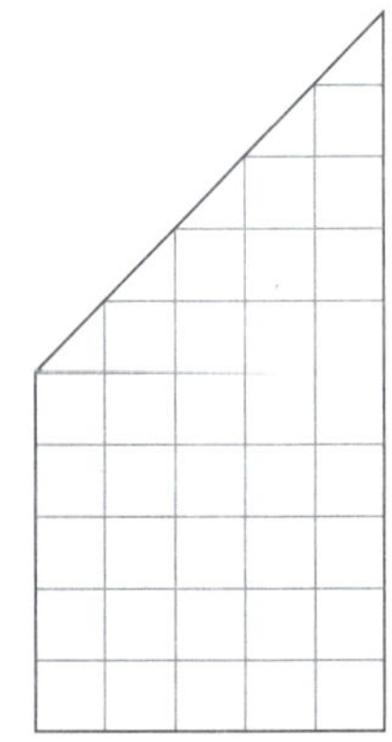

e) ein Dreieck und ein Rechteck

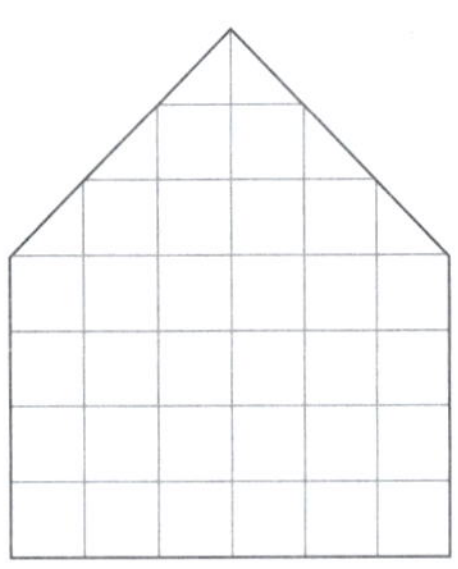

f) 2 gleich große Vierecke

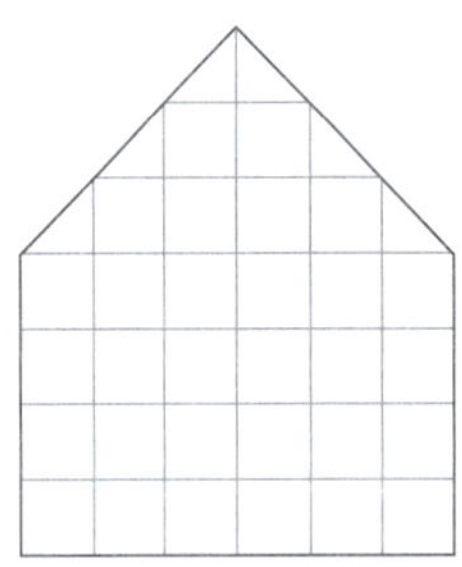

g) 2 unterschiedlich große Vierecke

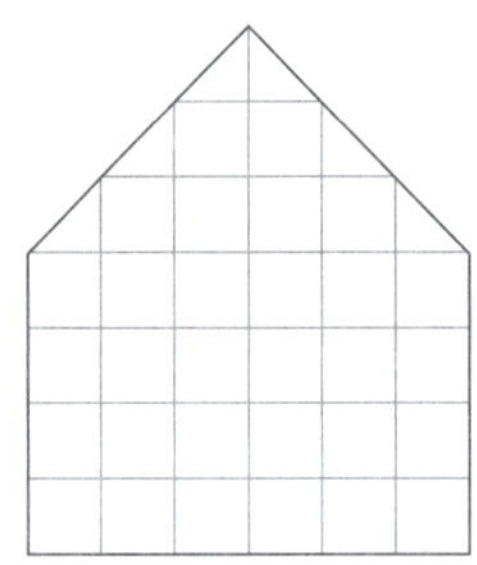

h) ein Fünfeck und ein Dreieck

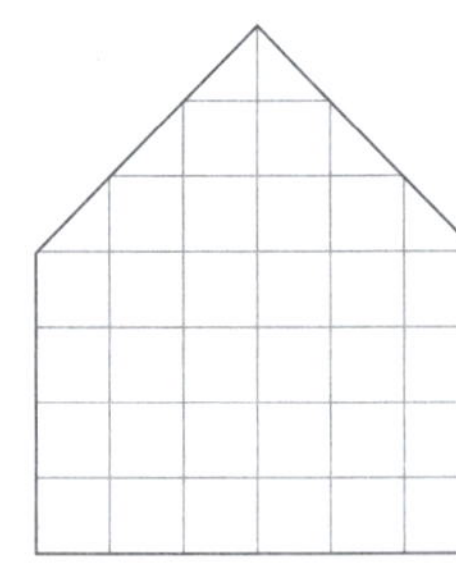

2 Kann das stimmen? Färbe alle Kärtchen mit richtigen Aussagen blau.

a) Mit einem Schnitt zerlege ich mein Rechteck in 2 gleich große Dreiecke.

b) Aus einem Dreieck mache ich mit einem Schnitt 2 gleich große Quadrate.

c) Aus meinem Rechteck habe ich mit 2 Schnitten 3 Rechtecke gemacht.

d) Ich habe ein Dreieck mit einem Schnitt in 2 verschiedene Dreiecke zerlegt.

e) Mit einem Schnitt habe ich 2 Quadrate aus meinem Rechteck gemacht.

f) Mein Quadrat habe ich mit einem Schnitt in 3 Dreiecke zerschnitten.

g) Mein Dreieck habe ich mit 2 Schnitten in ein Quadrat und zwei Dreiecke zerlegt.

2 Aussagen sind falsch.

1 Paula hat bei ihrem Jahrmarktbesuch viele Fotos gemacht.
Von wo hat sie welches Foto gemacht?

N

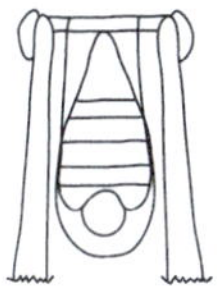

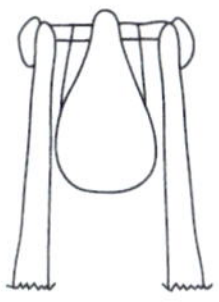

1 Zeichne die Spiegelbilder ein. Überprüfe mit dem Spiegel.

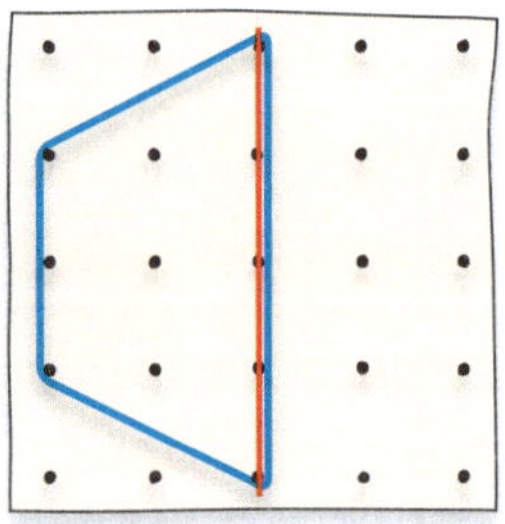
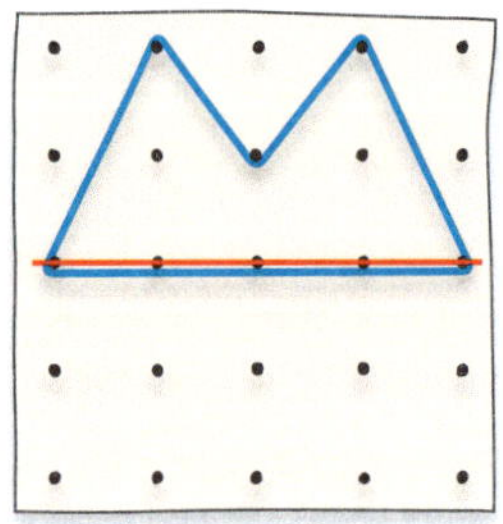
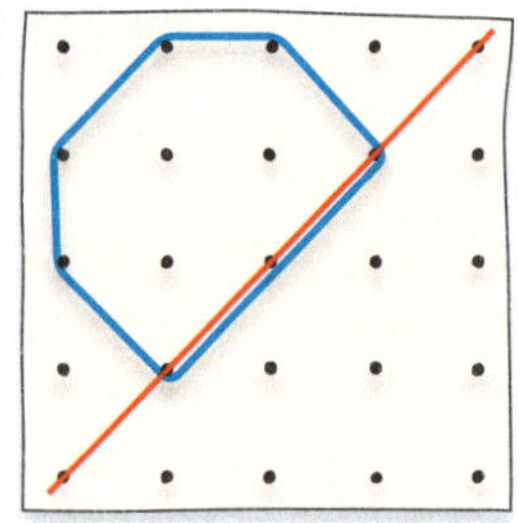
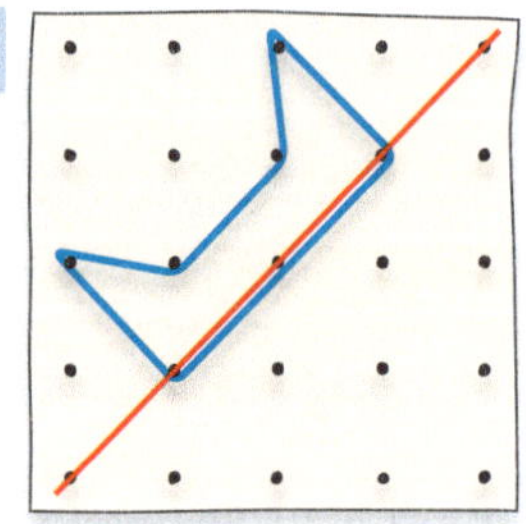

2

6 · 3 = ____	4 · 7 = ____	16 : 4 = ____	27 : 9 = ____
9 · 4 = ____	3 · 4 = ____	49 : 7 = ____	35 : 7 = ____
3 · 9 = ____	7 · 8 = ____	30 : 5 = ____	72 : 8 = ____
4 · 8 = ____	9 · 6 = ____	81 : 9 = ____	48 : 6 = ____
8 · 6 = ____	8 · 9 = ____	24 : 6 = ____	36 : 4 = ____

3 Wie viel Geld haben die Kinder? Schreibe mit Komma.

4 Wie spät ist es? Schreibe beide Uhrzeiten auf.

4 Uhr

Uhr

5

57 + 7 = ____	76 + 7 = ____	67 − 9 = ____	52 − 5 = ____
53 + 9 = ____	77 + 8 = ____	63 − 7 = ____	54 − 9 = ____
58 + 8 = ____	75 + 8 = ____	61 − 7 = ____	51 − 8 = ____
57 + 5 = ____	79 + 6 = ____	62 − 8 = ____	52 − 7 = ____
62 62 64 64 66	81 83 83 85 85	54 54 56 56 58	43 45 45 47 47

SB 108 – 109 KV 71 – 74, 113 – 115

1 Schreibe Additionsaufgaben und löse.

a)

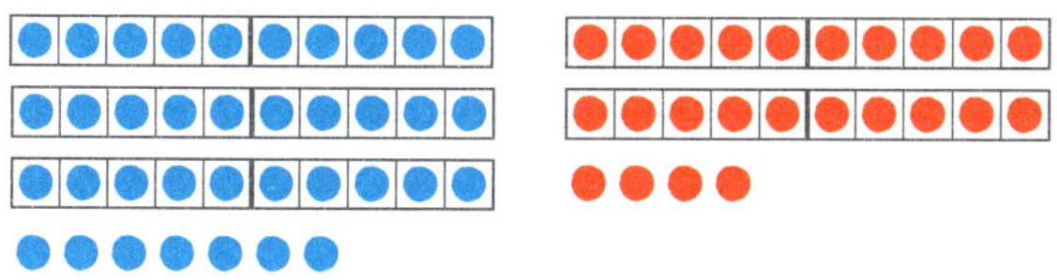

37 + 24 = ____

b)

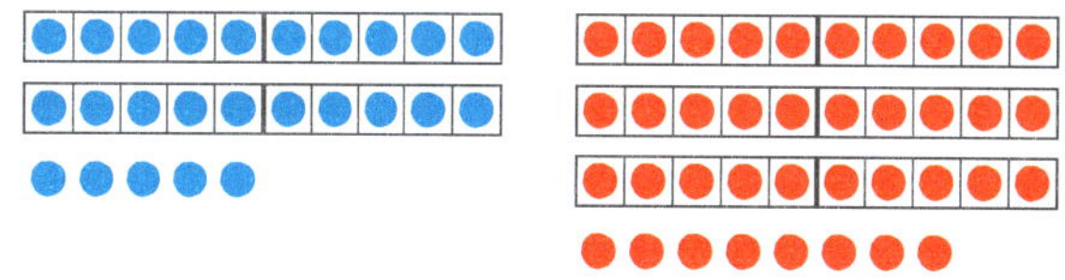

____ + ____ = ____

c)

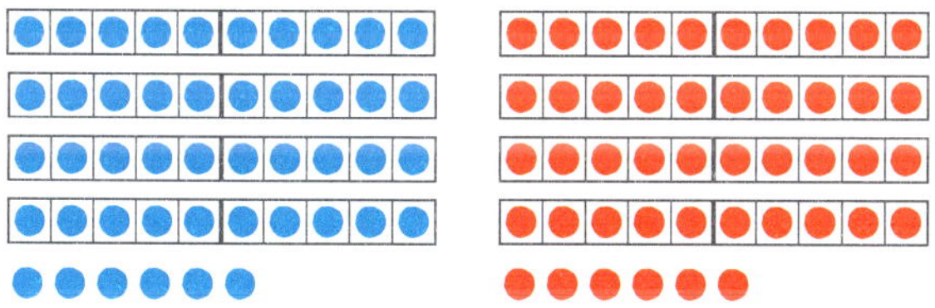

____ + ____ = ____

d)

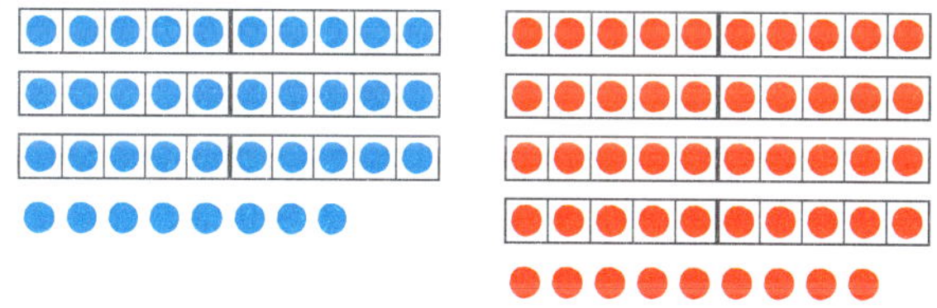

____ + ____ = ____

2 Wie rechnest du? Notiere deinen Rechenweg.

43 + 28 | 65 + 29 | 16 + 47

43 + 28 = ____

3

28 + 14 = ____	26 + 26 = ____	46 + 19 = ____	47 + 48 = ____
17 + 25 = ____	39 + 17 = ____	29 + 38 = ____	67 + 18 = ____
27 + 19 = ____	18 + 38 = ____	37 + 26 = ____	74 + 19 = ____
29 + 17 = ____	29 + 25 = ____	15 + 48 = ____	59 + 26 = ____
42 42 44 46 46	52 52 54 56 56	63 63 65 67 67	85 85 93 93 95

4

27	9	18
19	26	21
33	19	10
29	17	28
17	15	29
18	29	8
36	19	18
14	28	21

Additionsaufgaben üben

1

+	16	28	35
15			
38			
57			

+	14	26	39
27			
48			
59			

+			
37	54		
45		64	
66			94

2

a) 13 + 18 + 20 = ____
22 + 7 + 26 = ____
15 + 20 + 18 = ____
10 + 16 + 25 = ____
28 + 19 + 8 = ____
51 51 53 53 55 55

b) 35 + 27 + 12 = ____
17 + 42 + 19 = ____
47 + 18 + 11 = ____
33 + 16 + 29 = ____
28 + 25 + 23 = ____
74 74 76 76 78 78

c) 27 + 39 + 26 = ____
38 + 19 + 39 = ____
16 + 59 + 19 = ____
29 + 28 + 37 = ____
35 + 18 + 39 = ____
92 92 94 94 96 96

3 Setze >, < oder = ein.

a) 19 + 25 > 43
37 + 16 ○ 63
24 + 27 ○ 50
34 + 38 ○ 72
28 + 49 ○ 79

b) 52 ○ 36 + 16
80 ○ 45 + 36
51 ○ 36 + 25
95 ○ 58 + 33
82 ○ 37 + 46

c) 35 + 29 ○ 17 + 47
24 + 57 ○ 38 + 44
18 + 66 ○ 57 + 25
37 + 37 ○ 19 + 55
28 + 45 ○ 37 + 38

4

1 Schreibe Subtraktionsaufgaben und löse.

a) 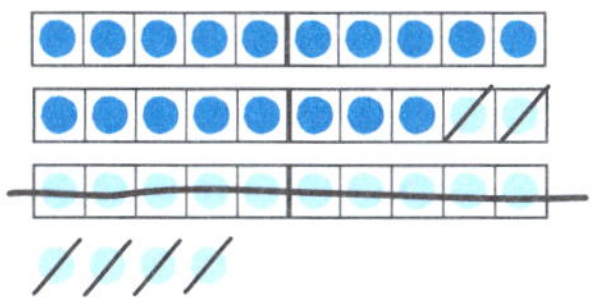

34 – 16 = ____

b) 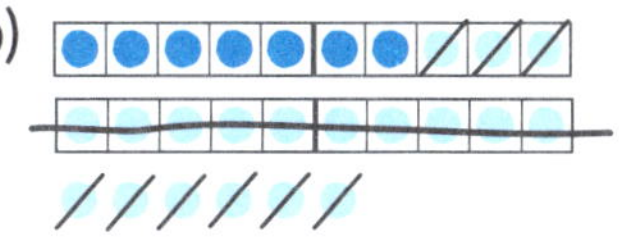

____ – ____ = ____

c) 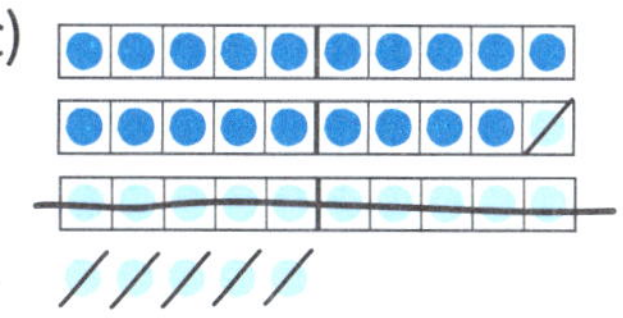

____ – ____ = ____

d) 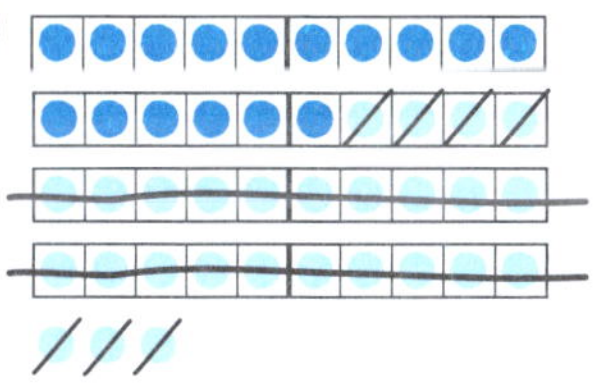

____ – ____ = ____

e) 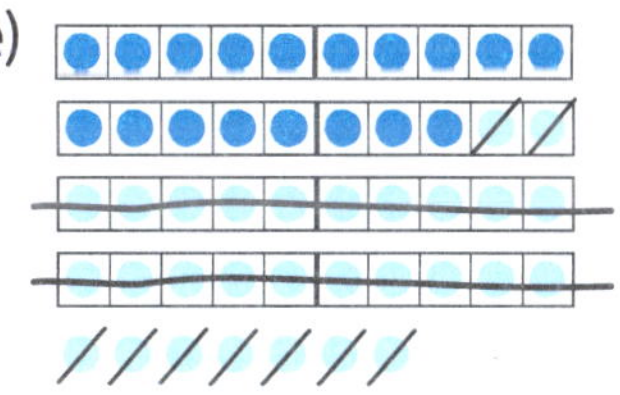

____ – ____ = ____

f) 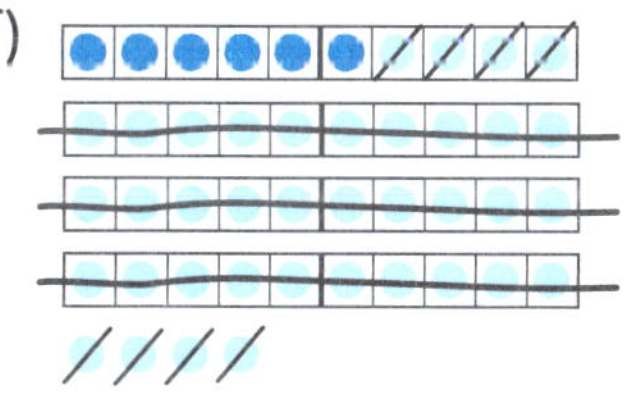

____ – ____ = ____

2 Wie rechnest du? Notiere deinen Rechenweg.

44 – 27

92 – 64

51 – 35

44 – 27 = ____

3

42 – 18 = ____	72 – 35 = ____	44 – 26 = ____	81 – ____ = 32
54 – 26 = ____	81 – 46 = ____	82 – 68 = ____	93 – ____ = 48
63 – 39 = ____	64 – 25 = ____	51 – 37 = ____	72 – ____ = 25
52 – 26 = ____	94 – 59 = ____	95 – 77 = ____	63 – ____ = 14
24 24 26 28 28	35 35 37 39 39	14 14 16 18 18	45 45 47 49 49

4

65
28 | ____
19 | ____ | ____

98
52 | ____
17 | ____ | ____

92
____ | 49
____ | ____ | 30

93
____ | 47
____ | ____ | 29

80
____ | ____
18 | ____ | 26

90
____ | ____
14 | ____ | 40

90
____ | ____
37 | ____ | 19

1

−	26	37	45
55			
62			
83			

−	38	46	57
64			
72			
91			

−			
53	36		
85		46	
94			56

2

a) 84 − 29 − 30 = ____
55 − 28 − 2 = ____
74 − 20 − 19 = ____
83 − 28 − 40 = ____
68 − 7 − 26 = ____
15 15 25 25 35 35

b) 75 − 28 − 21 = ____
89 − 17 − 26 = ____
94 − 37 − 11 = ____
87 − 23 − 28 = ____
69 − 24 − 19 = ____
26 26 36 36 46 46

c) 82 − 17 − 48 = ____
92 − 29 − 26 = ____
81 − 39 − 25 = ____
91 − 15 − 49 = ____
92 − 27 − 38 = ____
17 17 27 27 37 37

3 Setze >, < oder = ein.

a) 74 − 25 ◯ 50
47 − 29 ◯ 20
54 − 37 ◯ 16
82 − 48 ◯ 34
65 − 19 ◯ 45

b) 19 ◯ 36 − 18
45 ◯ 85 − 38
18 ◯ 62 − 44
32 ◯ 91 − 57
30 ◯ 54 − 25

c) 52 − 17 ◯ 84 − 49
63 − 27 ◯ 56 − 19
46 − 28 ◯ 93 − 76
67 − 39 ◯ 73 − 47
96 − 48 ◯ 81 − 33

4

SB 113 201–202

1

a)
26 + 15 = 41
___ + 23 = 67
57 + 35 = ___
32 + ___ = 73

b)
69 − ___ = 23
___ − 17 = 18
44 − 44 = ___
___ − 9 = 72

c)
54 + ___ = 80
___ − 28 = 9
___ + 20 = 82
85 − 72 = ___

2

a)
48 ___ 26 = 74
54 − ___ = 19
24 ___ 18 = 6
38 + 38 = ___

b)
16 + 54 = ___
53 ___ 28 = 81
42 ___ 42 = 84
___ − 23 = 39

3

a)
52 ___ 6 = 46
64 ___ 34 = 98
76 − ___ = 47
15 + 77 ___ 2

b)
2 ___ 46 = 67
89 ___ 9 = 98
___6 + 26 = 62
64 − 31 ___ 3

c)
65 ___ 2 = 3
47 ___ 34 = 8___
4___ − 25 = ___1
___2 + 47 = 9___

4

21 + ___
78 − ___
25 ___ 27
___ + 16
___ − 26
___ − 42
8 + ___
19 ___ 25
93 − ___1
8 ___ 28
81 − ___

___ + 23 + 23
99 − 13 − ___
28 + ___ + 31

Vorteilhaft rechnen

1 Welche Aufgabe hilft dir zur Lösung der gelben Aufgaben? Verbinde und löse.

Gelbe Aufgabe	Hilfsaufgaben
44 + 29	43 + 30 = ___ 44 + 30 − 1 = ___
53 + 39	53 + 40 − 1 = ___ 52 + 40 = ___
27 + 49	26 + 50 = ___ 27 + 50 − 1 = ___
75 − 19	75 − 20 + 1 = ___ 76 − 20 = ___
62 − 49	63 − 50 = ___ 62 − 50 + 1 = ___
93 − 39	93 − 40 + 1 = ___ 94 − 40 = ___

2

+	39	19	29	38
26				
34				
52				

−	59	39	49	58
74				
85				
92				

3

25 + 19   54 − 19   17 + 29   83 − 39   16 + 19   85 − 39

29 + 15   19 + 16   16 + 28   84 − 49

93 − 49   94 − 48   72 − 28   18 + 28   19 + 27

63 − 28

___ + ___   ___ − ___   ___ + ___   ___ − ___

8 + 19 + 19   93 − 9 − 49   19 + 18 + 9   92 − 19 − 29

SB 115

1 Lies dir jeweils den Text genau durch.
Welche Angaben sind zum Lösen der Aufgabe wichtig? Unterstreiche sie und löse die Aufgabe.

a) In die Steinsberg-Grundschule gehen viele Kinder. In der Klasse 2a sind 22 Kinder. Die 2b ist mit 27 Kindern besonders groß. In der Klasse 2c sind es 4 Kinder mehr als in der 2a.
Wie viele Kinder sind in Klasse 2c?

F:

L:

A:

b) In Klasse 2a der Steinsberg-Grundschule gibt es 12 Mädchen. Die 26 Kinder der Klasse sitzen an 6er-Tischen. Nur Maxi und Sina sitzen an Einzeltischen.
Das Klassenzimmer ist im 1. Stock.
Wie viele Jungen sind in Klasse 2a?

c) Die Kinder der 3. Klasse haben an der Steinsberg-Grundschule eine Umfrage zu den Hobbys der Kinder gemacht und Folgendes herausgefunden: 28 Kinder reiten gerne. Fußball spielen 20 Kinder. Zum Ballett gehen halb so viele Kinder wie zum Fußball. 12 Kinder machen Judo.
Wie viele Kinder gehen zum Ballett?

d) In der großen Pause verkaufen 3 Kinder der 4. Klasse Milch, Kakao und Orangensaft. Heute haben sie 12 Orangensaft und doppelt so viel Kakao verkauft. Von der Milch waren es 4 Päckchen weniger als vom Kakao. Nach der Pause werden die restlichen 27 Getränke wieder in den Kühlschrank geräumt.
Wie viele Getränke wurden heute insgesamt verkauft?

SB 116

Mit Gleichungen arbeiten

1 Mit welcher Gleichung kannst du die Aufgaben lösen? Verbinde, löse und antworte.

Max und Ida haben 20 Kastanien gesammelt.
Sie wollen die Kastanien gerecht untereinander aufteilen.
Wie viele Kastanien bekommt jeder?

A: ______________________________

____

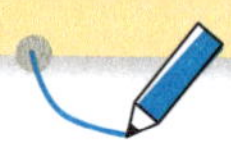

Leon sammelt Bilder von Fußballern. Er hat schon 20 Bilder. Opa schenkt ihm 4 weitere. Dann gibt Leon Mike 2 Bilder ab.
Wie viele Bilder hat Leon jetzt?

A: ______________________________

____

$2 \cdot 20 =$ ____

$20 + 4 - 2 =$ ____

$20 - 4 + 2 =$ ____

$20 : 2 =$ ____

In die Klasse 2a gehen 20 Kinder. In der Klasse 2b sind genauso viele Kinder.
Wie viele Kinder sind in beiden Klassen zusammen?

A: ______________________________

____

Im Bus sitzen 20 Personen. An der Haltestelle steigen 4 Personen aus. 2 Personen steigen ein.
Wie viele Personen sitzen jetzt im Bus?

A: ______________________________

____

2 Zur Aufgabe passen 2 Rechnungen. Verbinde, löse und antworte.

Jonas ist mit seinem Vater auf der Kirmes.
Beide wollen Schiffschaukel fahren. Papa gibt dem Kartenverkäufer einen 10-Euro-Schein.
Wie viel Geld bekommt Papa zurück?

A: ______________________________

____

2 € 50 ct + 1 € 50 ct = ____ €
10 € – ____ € = ____ €

10 € – 2 € 50 ct – 1 € 50 ct = ____ €

10 € + 2 € 50 ct + 1 € 50 ct = ____ €

1 a) Wie viele Minuten? Trage ein.

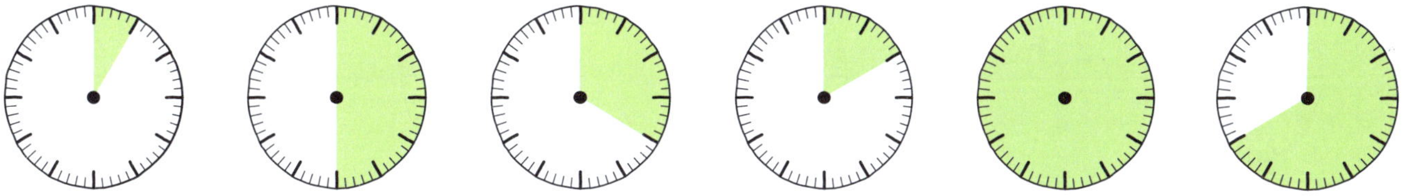

min					

b) Zeichne ein.

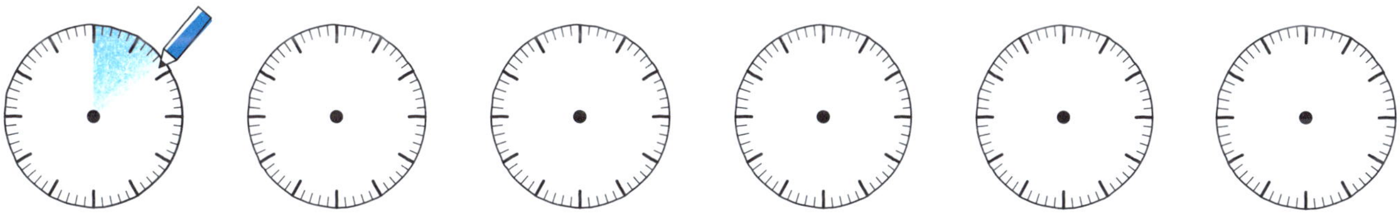

15 min	45 min	25 min	50 min	35 min	55 min

2 Finde zu jeder Zeitangabe die richtige Uhr und verbinde. Wie lautet das Lösungswort?

2.20 Uhr	7.55 Uhr	6.10 Uhr	17.30 Uhr	18.45 Uhr	21.15 Uhr

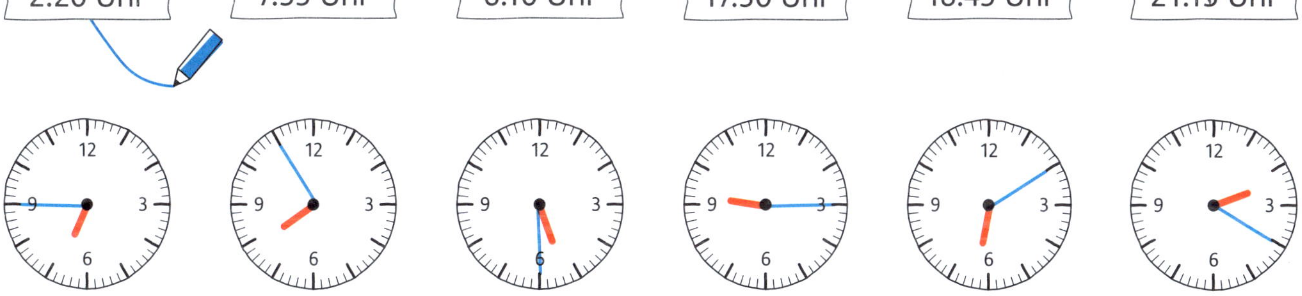

E	E	G	R	I	Z

Lösungswort: ☐ ☐ ☐ ☐ ☐ ☐

3 Stelle die Digitaluhren auf die jeweilige Uhrzeit.

Unnötige weiße Striche übermale ich schwarz.

13.15 Uhr	17.20 Uhr	10.30 Uhr	11.45 Uhr
88:88	88:88	88:88	88:88
halb 8 morgens	drei viertel 6 morgens	10 Minuten nach 9 Uhr abends	5 Minuten vor Mitternacht
88:88	88:88	88:88	88:88

1 Berechne die Dauer. Nutze die Lernuhr.

2

2.00 Uhr → ___ h ___ min → 6.30 Uhr

19.00 Uhr → ___ h ___ min → 22.30 Uhr

14.30 Uhr → ___ h ___ min → 20.00 Uhr

9.30 Uhr → ___ h ___ min → 19.00 Uhr

13.00 Uhr → ___ h ___ min → 18.45 Uhr

14.15 Uhr → ___ h ___ min → 21.15 Uhr

1.15 Uhr → ___ h ___ min → 5.45 Uhr

7.45 Uhr → ___ h ___ min → 11.15 Uhr

3

a) F: Wie lange hat der Zoo geöffnet?

L: 9 . 00 Uhr → ___ h ___ min → ___ . ___ Uhr

A: ______________________________

b) F: Wie lange hat der Streichelzoo geöffnet?

L: ___ . ___ Uhr → ___ h ___ min → ___ . ___ Uhr

A: ______________________________

c) F: Wie lange kann Trax noch im Zoo bleiben?

L: ___ . ___ Uhr → ___ h ___ min → ___ . ___ Uhr

A: ______________________________

1 a)

13 : 3 = ___ Rest ___

b)

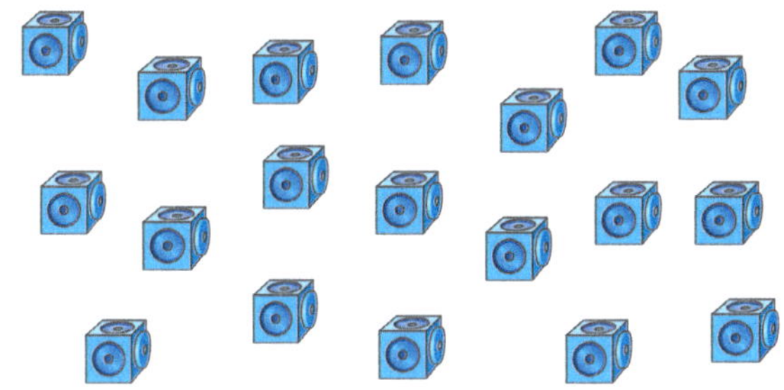

___ : 4 = ___ Rest ___

c)

___ : 6 = ___ Rest ___

d)

___ : 7 = ___ Rest ___

2 a)

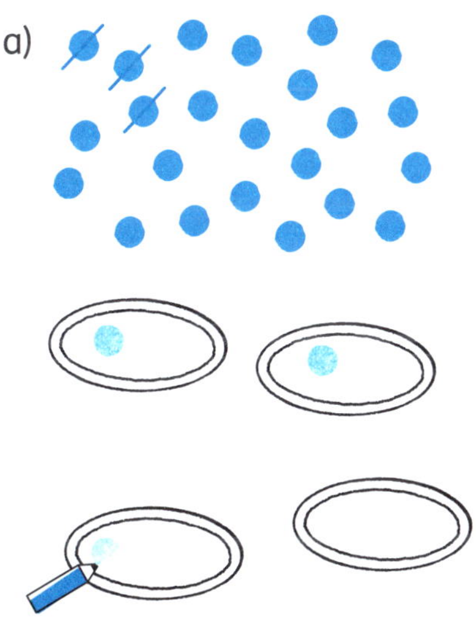

___ : 4 = ___ R ___

b)

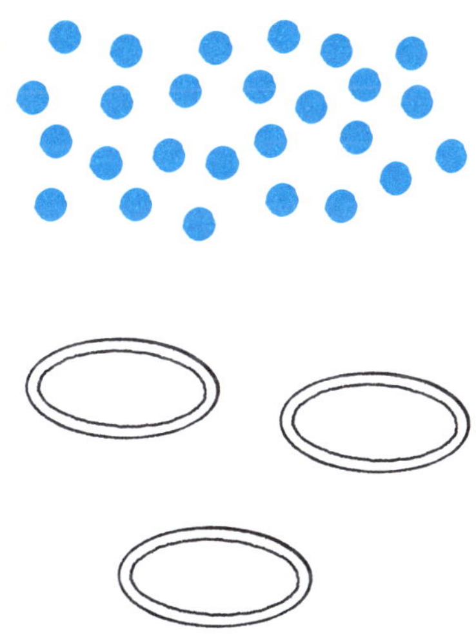

___ : 3 = ___ R ___

c)

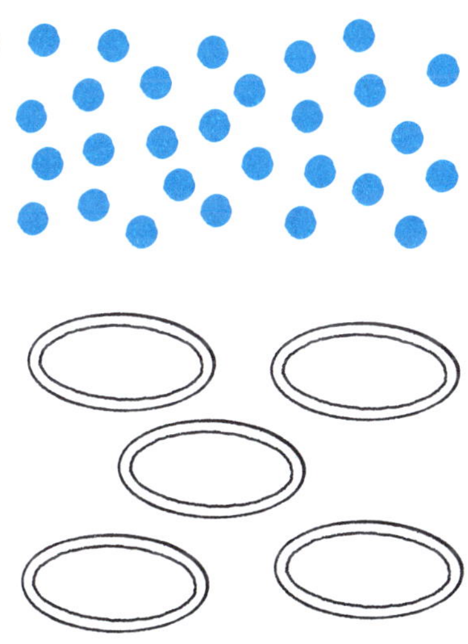

___ : 5 = ___ R ___

3

a) 10 : 2 = 5
11 : 2 = 5R1
15 : 2 = ___
16 : 2 = ___

b) 10 : 3 = ___
11 : 3 = ___
15 : 3 = ___
16 : 3 = ___

c) 10 : 4 = ___
11 : 4 = ___
15 : 4 = ___
16 : 4 = ___

d) 24 : 6 = ___
26 : 6 = ___
27 : 6 = ___
29 : 6 = ___

e) 32 : 8 = ___
35 : 8 = ___
37 : 8 = ___
39 : 8 = ___

f) 45 : 9 = ___
48 : 9 = ___
50 : 9 = ___
52 : 9 = ___

Zauberquadrate

1

a)

2		1	13
	9	6	0
5			
	4	11	7

Immer 30.

b)

4	2		11
3	9	6	
			0
8	14	1	

Immer 30.

c)

5	9	16	20
	15		11
			6
12	18	7	

Immer 50.

d)

10	8		15
16	19	6	
13			
	5	20	14

Immer 50.

e)

	10	15	
18			19
8	17		5
13			12

Immer 50.

f)

12			25
		11	14
22	19	16	
	17		

Immer 70.

g)

	15		19
21		17	
23	20		
		18	25

Immer 70.

h)

		25	22
23	24		
16		19	
	18		17

Immer 70.

2 Löse mit Hilfe der farbigen Felder.

a)

14	9		
3		15	
	10		6
		12	11

Immer 30.

b)

18		16	
		17	6
9	14		
	19		13

Immer 50.

c)

23	16		
20			17
14			19
	18	15	

Immer 70.

2 Auch die Zahlen in den gleichfarbigen Feldern haben die gleiche Summe.

1 Finde zuerst die Zahlen in den farbigen Feldern und trage sie ein. Überprüfe durch Rechnen.

a)

Deckstein	Mittlere Reihe	Grundsteine
50	_ _	6 · 17 · 10
(grünes Feld)	_ _	8 · 17 · 10
(grünes Feld)	_ _	6 · 19 · 10
(grünes Feld)	_ _	6 · 17 · 12

b)

Deckstein	Mittlere Reihe	Grundsteine
65	_ _	11 · 21 · 12
(grünes Feld)	_ _	9 · 21 · 12
(grünes Feld)	_ _	11 · 19 · 12
(grünes Feld)	_ _	11 · 21 · 10

c)

Deckstein	Mittlere Reihe	Grundsteine
72	_ _	11 · 18 · 25
76	_ _	(farbiges Feld) · 18 · 25
76	_ _	11 · (farbiges Feld) · 25
76	_ _	11 · 18 · (farbiges Feld)

d)

Deckstein	Mittlere Reihe	Grundsteine
84	_ _	12 · 27 · 18
76	_ _	(farbiges Feld) · 27 · 18
76	_ _	12 · (farbiges Feld) · 18
76	_ _	12 · 27 · (farbiges Feld)

2 Was gehört zusammen? Verbinde.

Wird die Zahl im linken Grundstein um 1 größer, …	dann wird die Zahl im Deckstein um 2 größer.
Wird die Zahl im rechten Grundstein um 1 kleiner, …	dann wird die Zahl im Deckstein um 2 kleiner.
Wird die Zahl im mittleren Grundstein um 1 größer, …	dann wird die Zahl im Deckstein um 1 größer.
Wird die Zahl im mittleren Grundstein um 1 kleiner, …	dann wird die Zahl im Deckstein um 1 kleiner.

Mit Skizzen arbeiten

1 Vervollständige die Skizze und löse.

a) Frau Neubrech verteilt in der Sporthalle auf einer 16 Meter langen Strecke gleichmäßig 9 Slalomstangen.
Wie groß ist der Abstand zwischen zwei Slalomstangen?

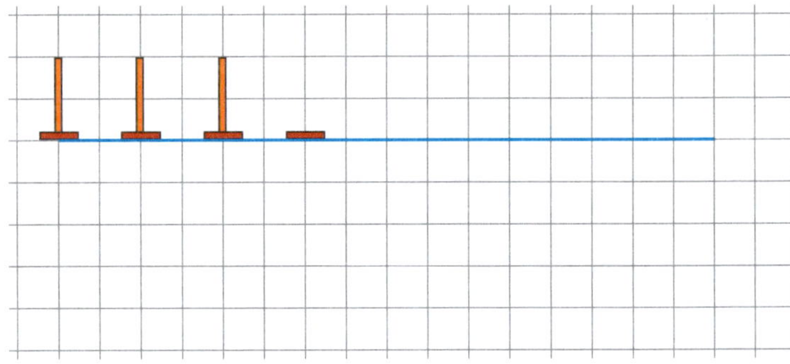

b) Im Regal stehen 5 Bücher.
Das Ritterbuch steht ganz links.
Zwischen dem Ritterbuch und dem Pferdebuch steht nur das Tierbuch.
Das Indianerbuch steht neben dem Pferdebuch und neben dem Märchenbuch.
In welcher Reihenfolge stehen die Bücher?

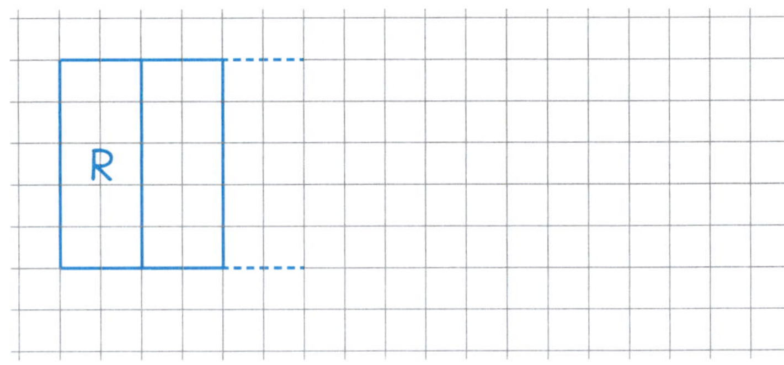

2 Zeichne eine passende Skizze und löse.

a) Silas hat einen Steckwürfelturm aus 4 Steckwürfeln gebaut. Ganz unten ist der blaue Würfel. Der grüne Würfel ist zwischen dem gelben und dem roten Würfel. Der rote Würfel ist oben.
Wie sind die Steckwürfel angeordnet?

b) Auf dem Schulhof stehen 5 Bäume gleichmäßig in einer Reihe. Vom ersten Baum bis zum letzten Baum ist der Abstand 20 Meter groß.
Wie groß ist der Abstand zwischen den einzelnen Bäumen?

SB 126

1 a) Maja und Sina sammeln am Strand Muscheln. Sina hat 3 Muscheln mehr als Maja. Zusammen haben sie 25 Muscheln.
F: Wie viele Muscheln hat Maja und wie viele hat Sina?

L:

+3

Maja	Sina	zusammen
1		

A: ____________________

____

b) Die Brüder Jonas und Moritz vergleichen ihr Alter. Zusammen sind sie 29 Jahre alt. Moritz ist 7 Jahre älter als Jonas.
F: Wie alt ist Jonas und wie alt ist Moritz?

L:

A: ____________________

____

2 a) Beim Hoffnungslauf der Grundschule sind Jan und Ida zusammen 36 Runden gelaufen. Jan schaffte doppelt so viele Runden wie Ida.
F: Wie viele Runden schaffte Jan und wie viele Runden schaffte Ida?

L:

A: ____________________

____

b) David und seine Tante Katja vergleichen ihr Alter. Katja ist 3-mal so alt wie David. Zusammen sind sie 36 Jahre alt.

F: Wie alt ist David und wie alt ist Tante Katja?

L:

A: ____________________

____

1 Die Klassen 2a und 2b der Seeschule haben ihre Augenfarben erforscht. Fülle für jede Klasse die Tabelle aus und zeichne ein Säulendiagramm.

Klasse 2a:

Klasse 2b:

blau	braun	grau	grün
6			

blau	braun	grau	grün

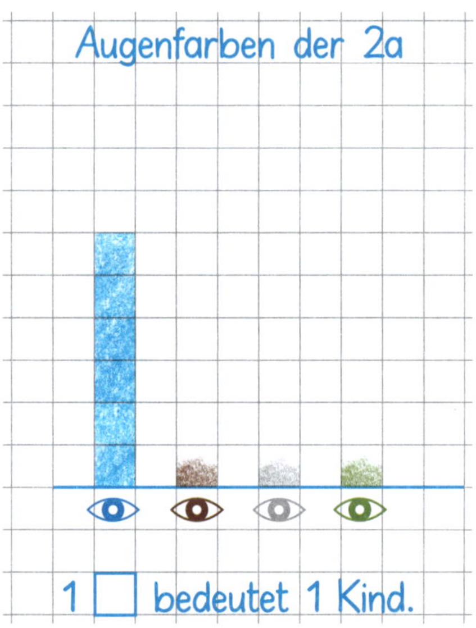

2 Beantworte die Fragen zur Tabelle.

a) Wie viele Jungen der Klasse 3 haben teilgenommen?

____

b) Wer hat am weitesten geworfen?

____

c) Wie weit war der weiteste Sprung?

____

d) Wer ist am schnellsten gelaufen?

____

Bundesjugendspiele
Ergebnisse der Jungen der Klasse 3

Name	Wurf	Sprung	Lauf
Max	12 m	1 m 78 cm	12 s
Jonas	15 m	2 m 34 cm	14 s
Nick	9 m	2 m 6 cm	11 s
Juan	20 m	1 m 92 cm	15 s
Eric	18 m	2 m 84 cm	10 s
David	11 m	2 m 40 cm	12 s
Lasse	13 m	1 m 99 cm	13 s
Marvin	22 m	2 m 94 cm	13 s
Abdul	21 m	2 m 10 cm	16 s

1

Richard Paul Lohse: Verschränkte farbkomplementäre Gruppen, 1952/1974/2

Es gibt viele Künstler, die Bilder mit geometrischen Formen gestaltet haben. Richard Paul Lohse hat dieses Bild gemalt.

a) Welche geometrischen Formen hat er verwendet?

____

____

b) Wie viele Rechtecke hat er gemalt?

____

Wie viele davon sind Quadrate?

____

2 Teile das Bild bei Aufgabe 1 mit zwei zueinander senkrechten Geraden in vier gleich große Quadrate. Vergleiche die vier Quadrate miteinander. Was stellst du fest?

____

____

3 Gestalte selbst ein Bild wie Richard Paul Lohse.
Wähle dir eigene Farben.

braun: 8, 45
gelb: 7, 64
grün: 9, 25
grau: 4, 36
blau: 6, 56
12 + 13
27 : 3
56 + 28 − 28
64 : 8
48 : 6
46 − 21
34 − 9
9 · 5
1 + 8
56 : 7
3 · 3
5 · 5
6 + 3
8 · 7
4 · 9
92 − 88
63 − 34 + 7
75 − 66
81 − 36
54 : 6
1 · 9
12 : 2
24 : 3
72 : 8
42 − 36
35 : 5
84 − 28
91 − 35
1 · 7
2 · 3
4 · 9
30 + 34
51 + 13
37 + 27
2 · 4
42 − 6
98 − 52 − 10
8 · 8
21 : 3
79 − 54
63 : 9
28 : 4